电子信息前沿技术丛书

Quantum Image Processing

量子图像处理

姜楠 著
Jiang Nan

U0347764

清華大學出版社
北京

内 容 简 介

量子图像处理是近几年刚刚兴起的研究方向,是融合量子信息、量子计算、图像处理、数学等形成的新兴交叉学科。本书在简要介绍量子计算知识的基础上,总结了量子图像处理方面的研究现状,并着重介绍本书作者在量子图像处理方面的研究成果,包括量子图像表示、量子图像置乱、量子图像几何操作、量子伪彩色处理、量子信息隐藏等方面。

对量子图像处理感兴趣的科研人员可以选用本书作为入门读物或者参考书。

图书在版编目(CIP)数据

量子图像处理/姜楠著.--北京:清华大学出版社,2016(2022.5重印)
电子信息前沿技术丛书
ISBN 978-7-302-42267-9

Ⅰ.①量… Ⅱ.①姜… Ⅲ.①图像处理 Ⅳ.①TP391.41

中国版本图书馆 CIP 数据核字(2015)第 283681 号

责任编辑:文 怡
封面设计:李召霞
责任校对:李建庄
责任印制:刘海龙

出版发行:清华大学出版社
      网　　址:http://www.tup.com.cn, http://www.wqbook.com
      地　　址:北京清华大学学研大厦 A 座　　邮　　编:100084
      社 总 机:010-83470000　　邮　　购:010-62786544
      投稿与读者服务:010-62776969, c-service@tup.tsinghua.edu.cn
      质量反馈:010-62772015, zhiliang@tup.tsinghua.edu.cn
      课件下载:http://www.tup.com.cn,010-62795954
印 装 者:北京九州迅驰传媒文化有限公司
经　　销:全国新华书店
开　　本:185mm×260mm　　印　　张:9.5　　字　　数:232 千字
版　　次:2016 年 4 月第 1 版　　印　　次:2022 年 5 月第 5 次印刷
定　　价:39.00 元

产品编号:062688-01

项 目 资 助

国家自然科学基金项目(61502016)

北京工业大学京华人才项目(2014-JH-L06)

北京交通大学中央高校基本科研业务费项目(2015JBM027)

FOREWORD

1982 年,诺贝尔物理学奖得主理查德·费曼提出,量子计算机的计算速度远远超过经典计算机。20 世纪 90 年代,Shor 提出的量子素数因子分解算法以及 Grover 提出的量子搜索算法,证明了量子计算机的计算能力。越来越多的研究人员开始探索量子计算机上的各种应用,量子图像处理便是其中之一。

之所以要研究量子图像处理,笔者认为有两个主要原因:一是量子所具有的叠加、纠缠等特性可以大大提高复杂图像处理算法的效率;二是缺少图形图像的计算机已经无法想象,作为新型计算工具的量子计算机必须迎合用户的这一需求,具有图像处理功能。

量子图像处理是近几年刚刚兴起的研究方向,是融合量子信息、量子计算、图像处理、数学等形成的新兴交叉学科。虽然该方面的研究还很不成熟,在物理实现上还存在许多困难,但是它的理论优势很可能对未来计算工具的发展产生深远影响。

本书在简要介绍量子计算知识的基础上,总结了量子图像处理方面的研究现状,并着重介绍笔者在量子图像处理方面的研究成果,具体内容如下:

第 1 章绪论部分,主要介绍量子图像处理的研究意义,以及国内外目前关于量子图像处理方面的研究现状,列举了当前量子图像表示和量子图像处理算法方面的一些研究成果。

第 2 章主要介绍量子计算基础知识,包括量子态的表示、态叠加原理、量子系统的演化、量子态纠缠、不可克隆定理等,分析了量子计算机相比于经典计算机在时间和空间上的优势,并简要介绍量子计算中的基本量子逻辑门和量子比特的概念。

第 3 章介绍量子图像处理的相关工作,分别对量子图像表示和处理算法两方面的工作进行总结、分析和展望。量子图像表示方面，按时间顺序介绍了 Qubit Lattice、Real Ket、Entangled Image、FRQI、NEQR、NAQSS 等表示方法。处理算法方面，按类别介绍几何变换、色彩处理、特征提取、图像分割、图像置乱、图像加密、信息隐藏和数字水印等方面的研究现状。

从第 4 章开始，介绍笔者在量子图像处理方面的研究成果。第 4 章给出一个新的量子图像表示方法 GQIR。GQIR 是对 NEQR 量子图像表示方法的改进，它可以表示任意 $H \times W$ 尺寸的量子图像，其中 H 和 W 是任意的正整数。GQIR 表示方法不仅可以表示灰度图像，还可以表示彩色图像，因为 GQIR 用 q 个量子比特表示颜色信息，这里的 q 是图像色深，通常当 $q=2$ 时，表示二进制图像；当 $q=8$ 时，表示灰度值图像；当 $q=24$ 时，表示彩色图像。后续章节的图像处理算法都是基于 GQIR 表示方法展开的。

第 5 章对量子图像置乱展开了研究，研究量子图像的 Arnold、Fibonacci、Hilbert 3 种置乱及其逆置乱方法。这 3 种置乱均是图像处理中常用的置乱方法。Arnold 置乱和 Fibonacci 置乱较为相似，都是基于加法线路实现的。Hilbert 置乱是采用逐步迭代的方法实现的。量子置乱仅需对坐标信息处理一次即可，无须一个像素一个像素地处理。

第 6 章研究了量子图像几何操作，包括图像缩放和图像平移。图像缩放方面，给出基于最近邻的图像放大和缩小算法，缩放倍数是 2^m 这种形式，这是首次提出的能够改变图像尺寸的量子图像处理算法。图像平移方面，研究了图像整体平移和循环平移。X 轴方向的平移和 Y 轴方向的平移，这两个部分的原理相同，且执行过程没有先后之分。

第 7 章主要研究量子图像处理中伪彩色处理算法，研究基于密度分层方法的伪彩色处理的量子实现。以 GQIR 量子图像表示方法为基础，通过分析经典量子伪彩色编码方案，结合量子信息理论知识，给出了量子算法，量子算法中定义了量子色图 QCR。以 GQIR 和 QCR 为基础完成量子伪彩色编码的研究工作。

第 8 章给出两个量子图像信息隐藏算法，一个是量子 LSB 信息隐藏；另一个是基于莫尔条纹的信息隐藏。LSB 在经典图像信息隐藏中是一个重要的算法，笔者将其移植到量子计算机中，给出两个 LSB 量子算法，包括一般算法和分块算法，无论哪种算法都是盲提取的。莫尔效应指的是具有周期结构的点纹或线纹重叠时能产生异于原点纹和线纹的波纹图样的现象，基于莫尔条纹的量子信息隐藏将载体图像和消息图像重叠在一起，完成信息的嵌入。提取时需要原始载体的参与，属于非盲信息隐藏。

　　参考文献列出了书中引用的全部文献,在此向所有文献的作者表示感谢,同时也向由于疏忽而未被列出的作者表示歉意。

　　国家自然科学基金项目(61502016)、北京工业大学京华人才项目(2014-JH-L06)和北京交通大学中央高校基本科研业务费项目(2015JBM027)为本书的出版提供了资金支持。

　　感谢北京工业大学段立娟教授对本书的出版给予的支持和帮助。还感谢王健博士等本领域学者以及研究生吴文亚、王珞、赵娜、慕悦等为本书提供相关素材。

　　量子图像处理的研究刚刚起步,是一个发展迅速的领域,要对其进行系统的总结和评述,对于笔者来说是十分困难的任务,本书只能看作是笔者在这一方向上的一种努力和尝试,不妥之处在所难免,诚恳地欢迎读者批评指正。

姜　楠

2015 年 12 月

目录

CONTENTS

第1章

绪　　论

1.1　研究意义

1982 年,诺贝尔物理学奖得主理查德·费曼提出,量子计算机的计算速度远远超过经典计算机[1]。20 世纪 90 年代,Shor 提出的量子素数因子分解算法[2]以及 Grover 提出的量子搜索算法[3],证明了量子计算机的计算能力。因此越来越多的研究人员开始探索量子计算机上的各种应用,相关的交叉学科也不断产生,例如量子人工智能[4]、量子机器学习[5]、计算几何[6]等,量子图像处理是处于起步阶段的一个交叉领域。

目前,量子图像处理主要涉及两个范畴:第一个是借鉴量子力学中的某些概念和方法解决经典计算机中数字图像处理的问题;第二个是用量子计算机处理量子图像。本书涉及第二个范畴。我们认为这两种情况最本质的差别在于图像的存储形式,如果图像以经典的数组(矩阵)方式存储,则属于经典图像处理;如果图像存储在量子中,则属于量子图像处理。

之所以要研究量子图像处理,笔者认为有两个主要原因:

(1) 量子所具有的叠加、纠缠等特性可以大大提高图像处理算法的效率。

随着计算机技术的发展,图像处理算法也越来越复杂,早就已经超越了缩放、裁剪、去噪等简单操作,发展到图像理解等复杂功能。在这些复杂功能面前,现有的计算技术显得效率低下。

下面以图像理解为例,对该问题进行说明。图像理解是数字图像处理的研究内容之一,也是计算机视觉和人工智能的交叉学科,它的研究目标是用计算机系统解释图像,实现类似人类视觉系统理解外部世界的效果[7]。图像理解在机器人、图像检索识别分类、工业控制、突发事件应对等方面有着广泛的应用,例如利用摄像机检测食品质量,从监控视频中自动识别出车祸、爆炸等突发事件,帮助用户更准确地找到想要的图片等。它还可以帮助我们超越人类自身的生理限制,辅助人类探索和认识自然,例如通过对外太空中的图像数据进行分析帮助人们发现外星生命或者宇宙的其他活动,潜入深不可测的海沟分析海底地貌和生物等。凡是需要用人的眼睛观察并通过人的智力活动进行理解的场景,理论上都可以用图像理解技术实现。

然而图像理解需要经过图像特征提取、知识的认知和学习、根据图像特征和已有知识进行推理和理解等步骤,其时间和空间复杂度都相当高。2006年,加拿大多伦多大学教授、机器学习领域的泰斗Hinton和他的学生在《科学》杂志上发表了一篇文章[8],指出含有很多隐层的人工神经网络(称为深度神经网络)具有优异的特征学习能力,能够获得更高的准确率。事实证明了这一点,谷歌利用深度神经网络将语音识别错误率降低了$20\%\sim30\%$,将ImageNet上图像识别的错误率从26%降低到15%[9]。然而随深度增加而来的是算法时间和空间复杂度的急剧增长,再加上产业界海量数据的爆炸式增长,算法将更加耗费资源,包括时间和空间资源。例如,当训练数据超过10 000时,支持向量机算法代码(libsvm)因为内存不够而无法在一台普通的台式机上运行,即使扩大内存后,也需要几个小时才能完成训练[10]。再例如,谷歌为了训练深度神经网络,动用了16 000个CPU核的并行计算平台,即便如此,训练几千小时的声学模型还是需要几个月的时间[9]。

用量子计算机解决这类复杂图像处理算法中极大的时间和空间消耗是一种可能的方法,原因是量子所具有的叠加、纠缠等特性可以大大提高图像处理算法的效率(叠加、纠缠等概念,以及量子计算机可以提高算法效率的原因详见本书第2章)。

(2) 缺少图形图像的计算机已经无法想象。

计算工具发展到今天,已经离不开图像处理功能。无论是台式机、笔记本、平板电脑,还是手机,其便捷操作的背后都与图像处理紧密相关。作为新型计算工具的量子计算机也必须迎合用户的这一需求,具有图像处理功能。

以上两点原因,正是开展量子图像处理研究的意义:一方面可以为解决现有问题提供一条新的途径;另一方面可以促进量子计算机本身的发展。

1.2　量子图像处理的产生与发展

量子图像处理的概念最早由俄罗斯学者 Vlasov 在 1997 年提出[11],当时并没有引起太多注意。直到 2003 年,Beach[12] 和 Venegas-Andraca[13~14]分别给出各自的量子图像处理算法,并尝试将已有的量子算法(如 Grover 量子搜索算法)应用于图像,量子图像处理才开始得到研究人员关注。2005 年,Latorre 提出一种新的量子图像表示方法[15]。从 2010 年开始,对量子图像处理的研究逐渐繁荣起来,成果一年比一年多。从图 1-1 能够看出,当我们用"quantum image processing"作为关键词分别查找 SCI 和 EI 数据库时,查找到的论文数量呈逐年上升趋势。

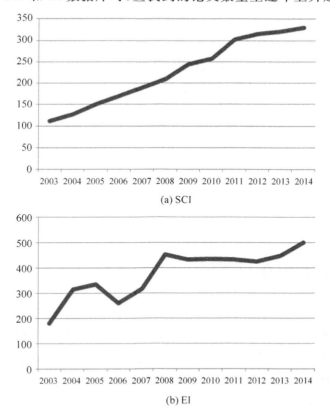

(a) SCI

(b) EI

图 1-1　2003—2014 年论文数量

目前,量子图像处理方面的研究主要包括两个研究分支：量子图像表示和量子图像处理算法。

量子图像表示方面,不仅要给出图像的表示方法,还要给出如何将图像数据存储在量子计算机上。存储图像的过程称为量子图像制备,本质是一个量子算法。不同的表示方法对应不同的制备过程。现在,已经有多个图像表示方法被提出,如 Qubit Lattice[14]、Real Ket[15]、Entangled Image[16]、FRQI[17]、NEQR[18]等。

量子图像处理算法方面,目前涉及的研究内容包括几何变换、色彩处理、特征提取、图像分割、图像置乱、图像加密、信息隐藏和数字水印等。

量子图像处理的产生与发展如图 1-2 所示,我们将在第 3 章对两方面的工作进行总结、分析和展望。

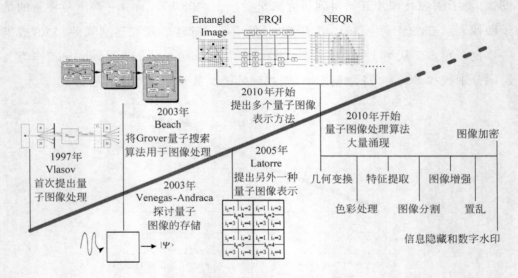

图 1-2 量子图像处理的产生与发展

1.3 本书组织结构

本书在简要介绍量子计算基础知识和量子图像处理研究现状的基础上,着重介绍笔者在量子图像处理方面的研究成果,包括量子图像表示、量子图像置乱、量子图像几何操作、量子伪彩色处理、量子信息隐藏等方面。

具体的组织安排如下：

第 1 章绪论部分,主要介绍量子图像处理的研究意义,以及国内外目前关于量子图像处理方面的研究现状,列举了当前量子图像表示和量子图像处理算法方面的一些研究成果。

第 2 章主要介绍量子计算基础知识,包括量子态的表示、态叠加原理、量子系统的演化、量子态纠缠、不可克隆定理等,分析了量子计算机相比于经典计算机在时间和空间上的优势,并简要介绍量子计算中的基本量子逻辑门和量子比特的概念。

第 3 章介绍量子图像处理的相关工作,分别对量子图像表示和处理算法两方面的工作进行总结、分析和展望。量子图像表示方面,按时间顺序介绍了 Qubit Lattice、Real Ket、Entangled Image、FRQI、NEQR、NAQSS 等表示方法。处理算法方面,按类别介绍几何变换、色彩处理、特征提取、图像分割、图像置乱、图像加密、信息隐藏和数字水印等方面的研究现状。

从第 4 章开始,介绍笔者在量子图像处理方面的研究成果。第 4 章给出一个新的量子图像表示方法 GQIR。GQIR 是对 NEQR 量子图像表示方法的改进,它可以表示任意 $H \times W$ 尺寸的量子图像,其中 H 和 W 是任意的正整数。GQIR 表示方法不仅可以表示灰度图像还可以表示彩色图像,因为 GQIR 用 q 个量子比特表示颜色信息,这里的 q 是图像色深,通常当 $q = 2$ 时,表示二进制图像;当 $q = 8$ 时,表示灰度值图像;当 $q = 24$ 时,表示彩色图像。后续章节的图像处理算法都是基于 GQIR 表示方法展开的。

第 5 章对量子图像置乱展开研究,研究了量子图像的 Arnold、Fibonacci、Hilbert 3 种置乱及其逆置乱方法。这 3 种置乱均是图像处理中常用的置乱方法。Arnold 置乱和 Fibonacci 置乱较为相似,都是基于加法线路实现。Hilbert 置乱是采用逐步迭代的方法实现的。量子置乱仅需对坐标信息处理一次即可,无须一个像素一个像素地处理。

第 6 章研究了量子图像几何操作,包括图像缩放和图像平移。图像缩放方面,给出基于最近邻的图像放大和缩小算法,缩放倍数是 2^m 这种形式,这是首次提出的能够改变图像尺寸的量子图像处理算法。图像平移方面,研究了图像整体平移和循环平移。X 轴方向的平移和 Y 轴方向的平移,这两个部分的原理相同,且执行过程没有先后之分。

第 7 章主要研究量子图像处理中伪彩色处理算法,研究基于密度分层方法的伪彩色处理的量子实现。以 GQIR 量子图像表示方法为基础。通过分析经典量子伪彩色编码方案,结合量子信息理论知识,给出了量子算法,量子算法中定义了量子色图 QCR。以 GQIR 和 QCR 为基础完成量子伪彩色编码的研究工作。

　　第 8 章给出两个量子图像信息隐藏算法,一个是量子 LSB 信息隐藏;另一个是基于莫尔条纹的信息隐藏。LSB 在经典图像信息隐藏中是一个重要的算法,笔者将其移植到量子计算机中,给出两个 LSB 量子算法,包括一般算法和分块算法,无论哪种算法都是盲提取。莫尔效应指的是具有周期结构的点纹或线纹重叠时能产生异于原点纹和线纹的波纹图样的现象,基于莫尔条纹的量子信息隐藏将载体图像和消息图像重叠在一起,完成信息的嵌入。提取时需要原始载体的参与,属于非盲信息隐藏。

第2章

量子计算基础知识

量子图像处理以量子计算为基础,研究量子计算机上的图像处理问题。它利用量子力学的基本性质(如叠加、纠缠、相干效应等),能以比经典计算机更为有效的方式来解决图像处理问题。为了便于读者理解后续的量子图像处理算法,本章简要介绍量子计算的相关知识。

2.1 量子计算和量子计算机

现代物理将微观世界中所有的微观粒子(如光子、电子、原子等)统称为量子。量子具有宏观世界无法解释的微观客体的许多特性,如叠加、纠缠、波粒二相、波包塌缩等性质。这些奇异现象来自于微观世界中微观客体间存在的相互干涉,即所谓的量子相干特性。

量子计算是一种依照各种量子相干特性进行计算的新型计算模型。量子计算机是实现该模型的计算设备。目前,量子计算机已经从实验室逐步走向商用。2007 年,加拿大计算机公司 D-Wave 展示了全球首台量子计算机原型机 Orion(猎户座),它利用量子退火效应来实现量子计算。该公司此后在 2011 年推出具有 128 个量子位的 D-Wave One 型量子计算机,由全球最大的军火商洛克希德·马

注:本书矢量、矩阵等不用黑斜体标明。

丁公司购买。2013 年美国国家航空航天局(NASA)与谷歌公司共同购买了一台具有 512 个量子位的 D-Wave Two 量子计算机(见图 2-1)。虽然对 D-Wave 量子计算机还存在一些争议,但它预示着"量子计算已经到来"。

图 2-1　谷歌和 NASA 共同购买的名为 D-Wave 的量子计算机[19]

2.1.1　量子态及其叠加

物理学研究揭示微观粒子不同于经典粒子,具有粒子、波动双重性质,即波粒二象性。该性质使得经典物理学中的理论对微观粒子失效,必须寻找一套新的符合微观粒子特点的描述方法,这是量子力学要解决的问题。

在数学领域,希尔伯特空间是欧几里得空间的推广,不再局限于有限维的情形,即希尔伯特空间是无穷维的欧几里得空间。量子力学中关注的是量子所处的态,一个量子态可以用希尔伯特空间中的一个矢量来标记,用狄拉克(Dirac)符号|⟩表示。

量子态满足量子态叠加原理。即如果一个量子态 $|\psi\rangle$ 可能是 $|\psi_1\rangle$,也可能是 $|\psi_2\rangle$,这时系统所处的态 $|\psi\rangle$ 就是这两个态的叠加态:

$$|\psi\rangle = \alpha|\psi_1\rangle + \beta|\psi_2\rangle \tag{2-1}$$

其中,α 和 β 是两个复常数,满足归一化条件要求 $|\alpha|^2 + |\beta|^2 = 1$。

量子叠加态 $|\psi\rangle$ 中的两个成分态 $|\psi_1\rangle$ 和 $|\psi_2\rangle$ 都仅是量子系统的一个可能状态,系统以 $|\alpha|^2$ 的概率处在 $|\psi_1\rangle$ 态,以 $|\beta|^2$ 的概率处在 $|\psi_2\rangle$ 态。当测量叠加态 $|\psi\rangle$ 时,只能得到其中一个成分态。因此要确定一个叠加态 $|\psi\rangle$ 的成分,需要对一批与 $|\psi\rangle$ 完全相同的态,分别进行多次独立的测量完成,并且每次测量得到一个成分态,叠加态就塌缩到实际测量得到的那个成分态上,同时也失去了对这个态继续测量以

确定其他成分的可能性。[20]

在量子计算中,把有两个线性独立状态的量子力学系统称为一个量子位(qubit)。将这两个线性独立状态分别记为 $|0\rangle$ 和 $|1\rangle$,既然它们都是希尔伯特空间中的矢量,且线性独立,则可分别写为如下的矢量形式:

$$|0\rangle = \begin{bmatrix} 1 \\ 0 \end{bmatrix}, \quad |1\rangle = \begin{bmatrix} 0 \\ 1 \end{bmatrix} \tag{2-2}$$

则叠加态可表示为

$$|\psi\rangle = \alpha|0\rangle + \beta|1\rangle = \begin{bmatrix} \alpha \\ \beta \end{bmatrix} \tag{2-3}$$

$|0\rangle$ 和 $|1\rangle$ 称为基态。$|\psi\rangle$ 中既包含态 $|0\rangle$ 的信息,也包含态 $|1\rangle$ 的信息。

$|\psi\rangle$ 称为右矢,相应的有左矢,左矢是右矢的共轭转置,即

$$\langle\psi| = (\alpha^* \quad \beta^*) \tag{2-4}$$

其中,α^* 和 β^* 分别是 α 和 β 的共轭复数,即如果 $\alpha = a+bi$,则 $\alpha^* = a-bi$。

如果有两个这样的量子构成一个量子系统,则有 4 个基态:

$$|00\rangle = |0\rangle \otimes |0\rangle = \begin{bmatrix} 1 \\ 0 \end{bmatrix} \otimes \begin{bmatrix} 1 \\ 0 \end{bmatrix} = \begin{bmatrix} 1 \times \begin{bmatrix} 1 \\ 0 \end{bmatrix} \\ 0 \times \begin{bmatrix} 1 \\ 0 \end{bmatrix} \end{bmatrix} = \begin{bmatrix} 1 \\ 0 \\ 0 \\ 0 \end{bmatrix}$$

$$|01\rangle = |0\rangle \otimes |1\rangle = \begin{bmatrix} 1 \\ 0 \end{bmatrix} \otimes \begin{bmatrix} 0 \\ 1 \end{bmatrix} = \begin{bmatrix} 1 \times \begin{bmatrix} 0 \\ 1 \end{bmatrix} \\ 0 \times \begin{bmatrix} 0 \\ 1 \end{bmatrix} \end{bmatrix} = \begin{bmatrix} 0 \\ 1 \\ 0 \\ 0 \end{bmatrix}$$

$$|10\rangle = |1\rangle \otimes |0\rangle = \begin{bmatrix} 0 \\ 1 \end{bmatrix} \otimes \begin{bmatrix} 1 \\ 0 \end{bmatrix} = \begin{bmatrix} 0 \times \begin{bmatrix} 1 \\ 0 \end{bmatrix} \\ 1 \times \begin{bmatrix} 1 \\ 0 \end{bmatrix} \end{bmatrix} = \begin{bmatrix} 0 \\ 0 \\ 1 \\ 0 \end{bmatrix}$$

$$|11\rangle = |1\rangle \otimes |1\rangle = \begin{bmatrix} 0 \\ 1 \end{bmatrix} \otimes \begin{bmatrix} 0 \\ 1 \end{bmatrix} = \begin{bmatrix} 0 \times \begin{bmatrix} 0 \\ 1 \end{bmatrix} \\ 1 \times \begin{bmatrix} 0 \\ 1 \end{bmatrix} \end{bmatrix} = \begin{bmatrix} 0 \\ 0 \\ 0 \\ 1 \end{bmatrix}$$

这 4 个基态在两量子系统中可以同时各以一定的概率存在。其中 $\otimes$ 表示张量积(或称克罗内克积、直积)。如矩阵 A 和矩阵 B 分别如下所示:

$$A = \begin{pmatrix} a_{11} & a_{12} & \cdots & a_{1m} \\ a_{21} & a_{22} & \cdots & a_{2m} \\ \vdots & \vdots & \ddots & \vdots \\ a_{n1} & a_{n1} & \cdots & a_{nm} \end{pmatrix}, \quad B = \begin{pmatrix} b_{11} & b_{12} & \cdots & b_{1q} \\ b_{21} & b_{22} & \cdots & b_{2q} \\ \vdots & \vdots & \ddots & \vdots \\ b_{p1} & b_{p1} & \cdots & b_{pq} \end{pmatrix}$$

则它们的张量积结果定义为

$$A \otimes B = \begin{pmatrix} a_{11}B & a_{12}B & \cdots & a_{1m}B \\ a_{21}B & a_{22}B & \cdots & a_{2m}B \\ \vdots & \vdots & \ddots & \vdots \\ a_{n1}B & a_{n1}B & \cdots & a_{nm}B \end{pmatrix} \tag{2-5}$$

2.1.2　量子态的时间演化及其幺正性

由于量子计算机用量子态编码信息,量子计算过程就是编码量子态的时间演化过程。按照量子力学的第三条基本假设,量子系统态矢 $|\psi\rangle$ 随时间的演化遵从 Schrödinger 方程:

$$i\hbar \frac{\partial \psi}{\partial t} = \hat{H}\psi \tag{2-6}$$

其中,$\hat{H}$ 是系统的 Hamilton 算子,根据量子力学理论,$\hat{H}^\dagger = \hat{H}$,所以时间演化算子 $\hat{U}$(即量子计算过程 $\hat{U}$,或称为量子算法 $\hat{U}$、量子操作 $\hat{U}$、量子算符 $\hat{U}$)必须满足幺正算子(酉算子)条件:

$$\hat{U}\,\hat{U}^\dagger = \hat{U}^\dagger\,\hat{U} = I \tag{2-7}$$

所以量子计算机要求所有量子算法必须具有幺正性,这是由量子力学的物理特点决定的。

2.1.3　纠缠

量子态叠加原理引起的一个新的、没有经典类比的现象是量子纠缠。假设有两个量子形成如下的叠加态:

$$|\psi\rangle = \frac{1}{\sqrt{2}}(|00\rangle + |11\rangle)$$

则:如果其中一个量子处在 $|0\rangle$ 态,另一个也必然处在 $|0\rangle$ 态;如果其中一个量子处

在$|1\rangle$态,另一个也必然处在$|1\rangle$态。这种现象就称为量子纠缠现象(entanglement),$|\psi\rangle$是一个纠缠态。

纠缠现象有程度上的区别[21],例如有如下3个两量子态:

$$|\psi_1\rangle = \frac{1}{\sqrt{2}}(|00\rangle + |01\rangle) = \frac{1}{\sqrt{2}}(|0\rangle \otimes (|0\rangle + |1\rangle))$$

$$|\psi_2\rangle = \frac{1}{\sqrt{2}}(|00\rangle + |11\rangle)$$

$$|\psi_3\rangle = \frac{1}{\sqrt{3}}(|00\rangle + |01\rangle + |11\rangle) = \frac{1}{\sqrt{3}}(|0\rangle \otimes (|0\rangle + |1\rangle) + |11\rangle)$$

- $|\psi_1\rangle$中第1个量子始终处在$|0\rangle$态,第2个量子处在$|0\rangle$和$|1\rangle$的叠加态中,两个量子之间不相互影响。换一个角度,从公式上看,两个量子也是可以分解的,因此$|\psi_1\rangle$没有处在纠缠态中。
- $|\psi_2\rangle$中两个量子要么同时处在$|0\rangle$态,要么同时处在$|1\rangle$态。从公式上看,两个量子根本无法分解,因此$|\psi_2\rangle$是完全纠缠的。
- $|\psi_3\rangle$的公式可以部分分解,因此$|\psi_3\rangle$是部分纠缠的。

2.1.4　量子不可克隆定理

经典系统中常见的复制操作,在量子系统中是不可能进行的。1982年,Wootters和Zurek提出了著名的量子不可克隆定理(quantum no-cloning theorem)。

【定理2-1】　量子不可克隆定理[22]:能把任意的未知量子态精确克隆的通用变换不存在。

证明[23]:用反证法。假设这样的通用变换T存在,即它能实现

$$T(|\psi\rangle \otimes |e\rangle) = |\psi\rangle \otimes |\psi\rangle$$

其中$|e\rangle$是T的工作环境的初态,用于存储克隆出来的副本。那么T首先必须能对$|0\rangle$和$|1\rangle$精确克隆:

$$T(|0\rangle \otimes |e\rangle) = |0\rangle \otimes |0\rangle, \quad T(|1\rangle \otimes |e\rangle) = |1\rangle \otimes |1\rangle$$

由于量子系统是线性的,根据这两个式子,可以得到

$$T\left(\frac{|0\rangle + |1\rangle}{\sqrt{2}} \otimes |e\rangle\right) = \frac{1}{\sqrt{2}}(T(|0\rangle \otimes |e\rangle) + T(|1\rangle \otimes |e\rangle))$$

$$= \frac{1}{\sqrt{2}}(|0\rangle \otimes |0\rangle + |1\rangle \otimes |1\rangle) = \frac{1}{\sqrt{2}}(|00\rangle + |11\rangle)$$

又因为前面假设 T 能对任意态精确克隆,则有

$$T\left(\frac{|0\rangle+|1\rangle}{\sqrt{2}}\otimes|e\rangle\right) = \frac{|0\rangle+|1\rangle}{\sqrt{2}}\otimes\frac{|0\rangle+|1\rangle}{\sqrt{2}}$$

$$= \frac{1}{2}(|00\rangle+|01\rangle+|10\rangle+|11\rangle)$$

$$\neq \frac{1}{\sqrt{2}}(|00\rangle+|11\rangle)$$

这就产生了矛盾,因此假设错误,即通用克隆机不存在。

量子态不可克隆是量子力学的固有特性,是量子密码的重要前提,它确保了量子密码的安全性。然而,这个特性也是量子系统的一个劣势,因为我们已经习惯了经典系统中的克隆操作。

2.2 研究量子计算机的原因

笔者认为有两个原因促成了对量子计算机的研究:

(1) 量子计算机概念的出现有其历史必然性。

现代电子计算机的发展依赖于大规模集成电路技术,早在 1965 年,Intel 公司创始人戈登·摩尔(Gordon Moore)就注意到了现代计算机硬件的发展趋势,在为 Electronics 杂志创刊 35 周年撰写的文章 *Cramming more components onto integrated circuits* 中,提出了大胆的预言:在未来十年内集成到一块芯片上的晶体管数目每年翻一番(1975 年 Moore 修改为每 18 个月翻一番),Moore 的预言后来被称为 Moore 定律[24]。事实上,在过去的 40 多年中,Moore 定律一直有效(见图 2-2)。

这种电子器件小型化的物理极限是近年来人们关注的问题之一。因为如果这种趋势继续下去,一个存储单元(比特)将到达原子尺寸,此时经典物理学规律不再有效,电子器件之间的功能开始受到量子效应的干扰,量子效应将不可避免地占有支配地位。自然地,经典计算机就"进化"成量子计算机。从这个意义上说,量子计算机与经典计算机是一脉相承的,是经典计算机发展到一定阶段的必然结果。[20]

(2) 理论上,量子计算机具有比经典计算机更强的计算能力。

1982 年,著名美国物理学家 Feynman 认识到量子计算机比经典计算机具有更强的计算能力[1]。

量子态的叠加首先可以显著降低空间复杂度。例如要存储 $00\cdots0\sim11\cdots1$ 的

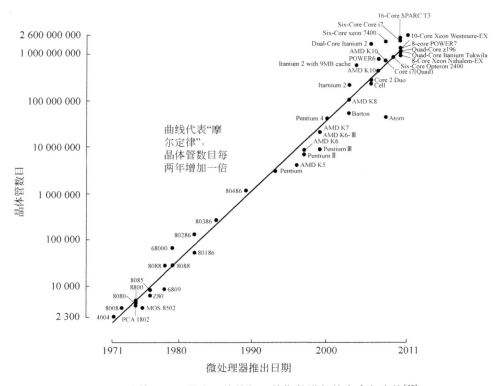

图2-2 计算机处理器中晶体管数目的指数增长符合摩尔定律[25]

全部 2^n 种信息(序列长度为 n),在经典计算机上需要

$$2^n \times n$$

个 bit,即空间复杂度为 $O(2^n n)$。而在量子计算机上,只需要 n 个 qubit 就能解决问题,空间复杂度为 $O(n)$。这是因为每个 qubit 同时存储 0 和 1,n 个 qubit 能表示 $00\cdots0\sim11\cdots1$ 的全部 2^n 种信息。图 2-3 是一个例子。

量子态的叠加还可以降低时间复杂度。例如要对前述的 2^n 种信息进行加 1 操作(为简单起见,不考虑进位),经典计算机需要一条信息一条信息地处理,共需处理 2^n 次,时间复杂度为 $O(2^n)$;在量子计算机上,由于所有信息叠加存储,一次操作即可完成全部 2^n 条信息的加 1 操作,时间复杂度为 $O(1)$,是一个常数。图 2-4 是一个例子。

可见,无论是时间复杂度还是空间复杂度,量子计算机仅为经典计算机的 $1/2^n$,这是一个令人欢欣鼓舞的数字。例如 1.1 节中提到的谷歌用 16 000 个 CPU 核训练几个月的情况,假设时间为 6 个月(约为 15 552 000s),如果改用一台 32 位量子计算机,理论上 57.9357s 即可完成训练。计算过程如下:

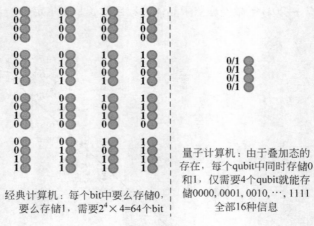

经典计算机：每个bit中要么存储0，要么存储1，需要$2^4 \times 4 = 64$个bit

量子计算机：由于叠加态的存在，每个qubit中同时存储0和1，仅需要4个qubit就能存储0000，0001，0010，…，1111全部16种信息

$$O(2^n n) : O(n)$$

图 2-3　量子计算机降低空间复杂度的原理（以 $n=4$ 为例）

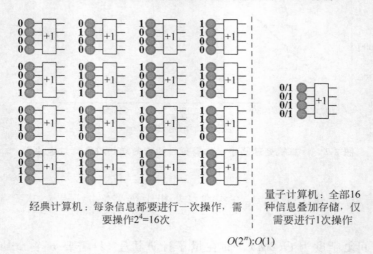

经典计算机：每条信息都要进行一次操作，需要操作$2^4 = 16$次

量子计算机：全部16种信息叠加存储，仅需要进行1次操作

$$O(2^n) : O(1)$$

图 2-4　量子计算机降低时间复杂度的原理（以 $n=4$ 和"+1"操作为例）

$$\frac{15\,552\,000 \times 16\,000}{2^{32}} = 57.9357$$

可见量子计算机在时间和空间复杂度上具有明显优势。

2.3　量子逻辑门

量子计算模型中使用最广泛的是 Deutsch 在 1989 年建立的量子线路网络模型[26]，又称为量子计算机标准模型。该模型的基本组成单元包括量子位和量子逻辑门。量子位(qubit)在 2.1.1 节中已经介绍过,本节主要介绍量子逻辑门。

对量子态进行幺正变换可以实现一些逻辑功能,变换所起的作用相当于逻辑门所起的作用,通常把在一个时间间隔内实现逻辑变换的量子装置称为量子逻辑门[27]。按量子门中量子位数目的不同,可分为一位门、二位门和多位门。

2.3.1　一位门

一位门 U 作用到一个量子位态 $|\phi\rangle$ 上,输出态 $U|\psi\rangle$,量子线路如图 2-5 所示。其中,水平线表示一个量子位,方框中的 U 表示对这个量子位执行幺正变换。在 Deutsch 的量子线路网络模型中,线从左到右并不代表量子位的空间移动,而是表示时间进行方向。量子计算机中有多个量子一位 U 门,数学上用 2×2 的幺正矩阵表示,包括 2×2 单位矩阵和 3 个 Pauli 算子:

图 2-5　量子一位门

$$\hat{\sigma}_0 = I = \begin{bmatrix} 1 & 0 \\ 0 & 1 \end{bmatrix}, \quad \hat{\sigma}_1 = \begin{bmatrix} 0 & 1 \\ 1 & 0 \end{bmatrix}, \quad \hat{\sigma}_2 = \begin{bmatrix} 0 & -\mathrm{i} \\ \mathrm{i} & 0 \end{bmatrix}, \quad \hat{\sigma}_3 = \begin{bmatrix} 1 & 0 \\ 0 & -1 \end{bmatrix} \quad (2\text{-}8)$$

它们对两个基失 $|0\rangle$ 和 $|1\rangle$ 的作用分别为

$$\hat{\sigma}_0|0\rangle = \begin{bmatrix} 1 & 0 \\ 0 & 1 \end{bmatrix}\begin{bmatrix} 1 \\ 0 \end{bmatrix} = \begin{bmatrix} 1 \\ 0 \end{bmatrix} = |0\rangle, \quad \hat{\sigma}_0|1\rangle = \begin{bmatrix} 1 & 0 \\ 0 & 1 \end{bmatrix}\begin{bmatrix} 0 \\ 1 \end{bmatrix} = \begin{bmatrix} 0 \\ 1 \end{bmatrix} = |1\rangle$$

$$\hat{\sigma}_1|0\rangle = \begin{bmatrix} 0 & 1 \\ 1 & 0 \end{bmatrix}\begin{bmatrix} 1 \\ 0 \end{bmatrix} = \begin{bmatrix} 0 \\ 1 \end{bmatrix} = |1\rangle, \quad \hat{\sigma}_1|1\rangle = \begin{bmatrix} 0 & 1 \\ 1 & 0 \end{bmatrix}\begin{bmatrix} 0 \\ 1 \end{bmatrix} = \begin{bmatrix} 1 \\ 0 \end{bmatrix} = |0\rangle$$

$$\hat{\sigma}_2|0\rangle = \begin{bmatrix} 0 & -\mathrm{i} \\ \mathrm{i} & 0 \end{bmatrix}\begin{bmatrix} 1 \\ 0 \end{bmatrix} = \begin{bmatrix} 0 \\ \mathrm{i} \end{bmatrix} = \mathrm{i}|1\rangle, \quad \hat{\sigma}_2|1\rangle = \begin{bmatrix} 0 & -\mathrm{i} \\ \mathrm{i} & 0 \end{bmatrix}\begin{bmatrix} 0 \\ 1 \end{bmatrix} = \begin{bmatrix} -\mathrm{i} \\ 0 \end{bmatrix} = -\mathrm{i}|0\rangle$$

$$\hat{\sigma}_3|0\rangle = \begin{bmatrix} 1 & 0 \\ 0 & -1 \end{bmatrix}\begin{bmatrix} 1 \\ 0 \end{bmatrix} = \begin{bmatrix} 1 \\ 0 \end{bmatrix} = |0\rangle, \quad \hat{\sigma}_3|1\rangle = \begin{bmatrix} 1 & 0 \\ 0 & -1 \end{bmatrix}\begin{bmatrix} 0 \\ 1 \end{bmatrix} = \begin{bmatrix} 0 \\ -1 \end{bmatrix} = -|1\rangle$$

其中:

- $\hat{\sigma}_0$ 起的作用是保持原来的态不变,又称为恒等门(I 门),用图 2-6 所示的符号表示,很多情况下该逻辑门被省略。
- $\hat{\sigma}_1$ 起的作用是把 $|0\rangle$ 变成 $|1\rangle$,把 $|1\rangle$ 变成 $|0\rangle$,因此又称为非门(NOT 门),用图 2-7 所示的符号表示。

图 2-6　恒等门(I 门)　　　　　　图 2-7　非门(NOT 门)

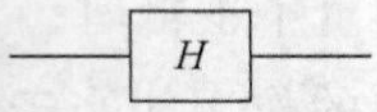

图 2-8　Hadamard 门（H 门）

还有一个重要的一位门是 Hadamard 门,简称 H 门,用图 2-8 所示的符号表示。

$$H = \frac{1}{\sqrt{2}} \begin{pmatrix} 1 & 1 \\ 1 & -1 \end{pmatrix} \tag{2-9}$$

H 门对两个基失 $|0\rangle$ 和 $|1\rangle$ 的作用为

$$H |0\rangle = \frac{1}{\sqrt{2}} \begin{pmatrix} 1 & 1 \\ 1 & -1 \end{pmatrix} \begin{pmatrix} 1 \\ 0 \end{pmatrix} = \frac{1}{\sqrt{2}} \begin{pmatrix} 1 \\ 1 \end{pmatrix} = \frac{1}{\sqrt{2}} (|0\rangle + |1\rangle)$$

$$H |1\rangle = \frac{1}{\sqrt{2}} \begin{pmatrix} 1 & 1 \\ 1 & -1 \end{pmatrix} \begin{pmatrix} 0 \\ 1 \end{pmatrix} = \frac{1}{\sqrt{2}} \begin{pmatrix} 1 \\ -1 \end{pmatrix} = \frac{1}{\sqrt{2}} (|0\rangle - |1\rangle)$$

即当 H 门作用于 $|0\rangle$ 态时,会使得 $|0\rangle$ 和 $|1\rangle$ 以相同的概率出现。H 门是量子信息中最有用的一位门之一,在量子图像处理中也经常被用到。

2.3.2　二位门

量子二位门需要两个量子比特的参与。一个重要的二位门是控制非门 (CNOT)。控制非门中一个量子比特称为控制位,另一个量子比特称为目标位或者靶位,当且仅当控制位处在态 $|1\rangle$ 时,将目标位取非,即

$$\text{CNOT} |00\rangle = |00\rangle, \quad \text{CNOT} |01\rangle = |01\rangle$$
$$\text{CNOT} |10\rangle = |11\rangle, \quad \text{CNOT} |11\rangle = |10\rangle \tag{2-10}$$

其中,第一个量子比特是控制位;第二个量子比特是目标位。控制非门可以用图 2-9 表示。a 和 b 分别表示控制位和目标位。控制非门的矩阵表示如下:

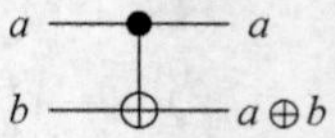

图 2-9　控制非门（CNOT 门）

$$\text{CNOT} = \begin{pmatrix} 1 & 0 & 0 & 0 \\ 0 & 1 & 0 & 0 \\ 0 & 0 & 0 & 1 \\ 0 & 0 & 1 & 0 \end{pmatrix} \tag{2-11}$$

因此,式(2-10)用矩阵形式写为

$$\text{CNOT} |00\rangle = \begin{pmatrix} 1 & 0 & 0 & 0 \\ 0 & 1 & 0 & 0 \\ 0 & 0 & 0 & 1 \\ 0 & 0 & 1 & 0 \end{pmatrix} \begin{pmatrix} 1 \\ 0 \\ 0 \\ 0 \end{pmatrix} = \begin{pmatrix} 1 \\ 0 \\ 0 \\ 0 \end{pmatrix} = |00\rangle,$$

$$\text{CNOT}\,|\,01\rangle=\begin{pmatrix}1&0&0&0\\0&1&0&0\\0&0&0&1\\0&0&1&0\end{pmatrix}\begin{pmatrix}0\\1\\0\\0\end{pmatrix}=\begin{pmatrix}0\\1\\0\\0\end{pmatrix}=|\,01\rangle$$

$$\text{CNOT}\,|\,10\rangle=\begin{pmatrix}1&0&0&0\\0&1&0&0\\0&0&0&1\\0&0&1&0\end{pmatrix}\begin{pmatrix}0\\0\\1\\0\end{pmatrix}=\begin{pmatrix}0\\0\\0\\1\end{pmatrix}=|\,11\rangle$$

$$\text{CNOT}\,|\,11\rangle=\begin{pmatrix}1&0&0&0\\0&1&0&0\\0&0&0&1\\0&0&1&0\end{pmatrix}\begin{pmatrix}0\\0\\0\\1\end{pmatrix}=\begin{pmatrix}0\\0\\1\\0\end{pmatrix}=|\,10\rangle$$

控制非门是量子计算中非常重要的一个逻辑门,它的重要性主要体现在以下几个方面。

(1) 控制非门可以实现异或操作。

由式(2-10)可以看到,如果将目标位作为输出,控制非门等同于实现了异或操作:当 a 和 b 相同时,输出位 b 为 0;当 a 和 b 不同时,输出位 b 为 1。因此在图 2-9 中,用异或符号"$\oplus$"表示控制非门的目标位。

(2) 控制非门能够实现两个量子比特的纠缠。

纠缠是量子计算和量子信息中的一种特殊现象,如何才能将两个量子纠缠在一起呢?控制非门是实现两量子纠缠的常用方法之一。当

$$|\,a\rangle=\alpha\,|\,0\rangle+\beta\,|\,1\rangle,\quad|\,b\rangle=|\,0\rangle$$

时,输入端两个量子所处的态为

$$|\,ab\rangle=(\alpha\,|\,0\rangle+\beta\,|\,1\rangle)\otimes|\,0\rangle=\alpha\,|\,00\rangle+\beta\,|\,10\rangle$$

则经过控制非门的演化后,输出端两个量子所处的态为

$$\begin{aligned}\text{CNOT}\,|\,ab\rangle&=\text{CNOT}(\alpha\,|\,00\rangle+\beta\,|\,10\rangle)\\&=\alpha\text{CNOT}\,|\,00\rangle+\beta\text{CNOT}\,|\,10\rangle\\&=\alpha\,|\,00\rangle+\beta\,|\,11\rangle\end{aligned}\tag{2-12}$$

这说明输出端的两个量子要么同时处在 $|0\rangle$ 态,要么同时处在 $|1\rangle$ 态,两个量子纠缠在一起。

如果 b 的初态为 $|1\rangle$,也有类似的结论。输入端两个量子所处的态为

$$|\,ab\rangle=(\alpha\,|\,0\rangle+\beta\,|\,1\rangle)\otimes|\,1\rangle=\alpha\,|\,01\rangle+\beta\,|\,11\rangle$$

则经过控制非门的演化后,输出端两个量子所处的态为

$$CNOT \mid ab \rangle = CNOT(\alpha \mid 01 \rangle + \beta \mid 11 \rangle)$$

$$= \alpha CNOT \mid 01 \rangle + \beta CNOT \mid 11 \rangle = \alpha \mid 01 \rangle + \beta \mid 10 \rangle$$

这说明输出端的两个量子如果一个处在 $\mid 0 \rangle$ 态,另一个必然处在 $\mid 1 \rangle$ 态,两个量子同样纠缠在一起。

(3) 对纠缠态使用控制非门可以实现解纠缠。

两个量子纠缠在一起,并不意味着这两个量子将永远纠缠下去,可以用控制非门解除两者之间的纠缠关系。例如两个量子处于如下的纠缠态

$$\alpha \mid 00 \rangle + \beta \mid 11 \rangle$$

经过控制非门的处理后,会变为如下的状态

$$CNOT(\alpha \mid 00 \rangle + \beta \mid 11 \rangle) = \alpha CNOT \mid 00 \rangle + \beta CNOT \mid 11 \rangle$$

$$= \alpha \mid 00 \rangle + \beta \mid 10 \rangle = (\alpha \mid 0 \rangle + \beta \mid 1 \rangle) \otimes \mid 0 \rangle$$

两个量子是可以分解的,不再处于纠缠态。

对于控制非门,有一点需要注意,根据式(2-12),当 b 的初态为 0 时,经过控制非门的作用,目标位 b 将达到和控制位 a 同样的状态:当 a 为 0 时 b 也为 0;当 a 为 1 时 b 也为 1。这是否说明可以通过控制非门将 a 复制给 b 呢?答案并非如此。原因是要正确理解复制的概念,经典计算机中把 a 复制给 b 之后,a 和 b 成为两个相互自由的主体,互相之间不再产生影响,对其中一个进行操作,不会影响另外一个。回到量子领域,假设能够进行复制,则也应该形成两个相互自由的、处于同样状态的量子,假设这两个量子的状态均为

$$\mid a \rangle = \mid b \rangle = \alpha \mid 0 \rangle + \beta \mid 1 \rangle$$

则

$$\mid ab \rangle = (\alpha \mid 0 \rangle + \beta \mid 1 \rangle)(\alpha \mid 0 \rangle + \beta \mid 1 \rangle)$$

$$= \alpha^2 \mid 00 \rangle + \alpha\beta \mid 01 \rangle + \alpha\beta \mid 10 \rangle + \beta^2 \mid 11 \rangle$$

这与式(2-12)的结果 $\alpha \mid 00 \rangle + \beta \mid 11 \rangle$ 是不一样的,因此控制非门不能用来进行复制,即不能产生既相互自由、又处于同样状态的两个量子。这也验证了 2.1.4 节给出的量子不可克隆定理。

类似于控制非门,可以定义 0 控制非门(0CNOT):当且仅当控制位处在态 $\mid 1 \rangle$ 时,将目标位取非,即

$$0CNOT \mid 00 \rangle = \mid 01 \rangle, \quad 0CNOT \mid 01 \rangle = \mid 00 \rangle$$

$$0CNOT \mid 10 \rangle = \mid 10 \rangle, \quad 0CNOT \mid 11 \rangle = \mid 11 \rangle \tag{2-13}$$

0 控制非门可以用图 2-10(a)表示。

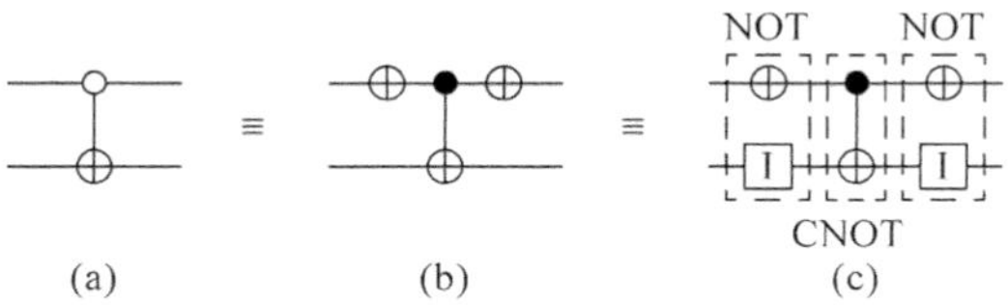

图 2-10 0 控制非门（0CNOT 门）

控制位用空心小圆圈表示。实质上，0CNOT 门可以用 CNOT 门再加上两个非门实现（见图 2-10(b)）。如果用矩阵表示，如图 2-10(c)所示，是 3 个矩阵的乘积，这 3 个矩阵分别是非门、控制非门、非门。需要注意的是，对于非门，不能简单地用式(2-8)中的 $\hat{\sigma}_1$ 计算，这是因为 $\hat{\sigma}_1$ 是一位门，而图 2-10(c)中的 NOT 操作涉及两个量子比特，因此该 NOT 操作的矩阵表示为

$$\text{NOT} = \hat{\sigma}_1 \otimes I = \begin{pmatrix} 0 & 1 \\ 1 & 0 \end{pmatrix} \otimes \begin{pmatrix} 1 & 0 \\ 0 & 1 \end{pmatrix} = \begin{pmatrix} 0 & 0 & 1 & 0 \\ 0 & 0 & 0 & 1 \\ 1 & 0 & 0 & 0 \\ 0 & 1 & 0 & 0 \end{pmatrix}$$

因此 0CNOT 门的矩阵表示为

0CNOT= NOT · CNOT · NOT

$$= \begin{pmatrix} 0 & 0 & 1 & 0 \\ 0 & 0 & 0 & 1 \\ 1 & 0 & 0 & 0 \\ 0 & 1 & 0 & 0 \end{pmatrix} \begin{pmatrix} 1 & 0 & 0 & 0 \\ 0 & 1 & 0 & 0 \\ 0 & 0 & 0 & 1 \\ 0 & 0 & 1 & 0 \end{pmatrix} \begin{pmatrix} 0 & 0 & 1 & 0 \\ 0 & 0 & 0 & 1 \\ 1 & 0 & 0 & 0 \\ 0 & 1 & 0 & 0 \end{pmatrix} = \begin{pmatrix} 0 & 1 & 0 & 0 \\ 1 & 0 & 0 & 0 \\ 0 & 0 & 1 & 0 \\ 0 & 0 & 0 & 1 \end{pmatrix} \quad (2\text{-}14)$$

另一个重要的二位门是交换门（SWAP 门），交换门所起的作用是将两个输入的状态相交换。交换门可以用图 2-11(a)表示，也可以用 3 个控制非门实现（见图 2-11(b)）。

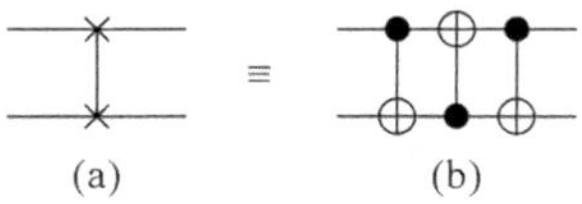

图 2-11 交换门（SWAP 门）

因此，交换门的矩阵表示为

SWAP= CNOT · CNOT · CNOT

$$= \begin{pmatrix} 1 & 0 & 0 & 0 \\ 0 & 1 & 0 & 0 \\ 0 & 0 & 0 & 1 \\ 0 & 0 & 1 & 0 \end{pmatrix} \begin{pmatrix} 1 & 0 & 0 & 0 \\ 0 & 0 & 0 & 1 \\ 0 & 0 & 1 & 0 \\ 0 & 1 & 0 & 0 \end{pmatrix} \begin{pmatrix} 1 & 0 & 0 & 0 \\ 0 & 1 & 0 & 0 \\ 0 & 0 & 0 & 1 \\ 0 & 0 & 1 & 0 \end{pmatrix} = \begin{pmatrix} 1 & 0 & 0 & 0 \\ 0 & 0 & 1 & 0 \\ 0 & 1 & 0 & 0 \\ 0 & 0 & 0 & 1 \end{pmatrix} \quad (2\text{-}15)$$

其中第 2 个 CNOT 门与前后两个 CNOT 门的控制位和目标位正好相反，因此矩

阵上也存在一定差别。式(2-15)的另一种形式是

$$|a,b\rangle \rightarrow |a,a \oplus b\rangle \rightarrow |(a \oplus b) \oplus a, a \oplus b\rangle = |b, a \oplus b\rangle \rightarrow |b, b \oplus (a \oplus b)\rangle = |b,a\rangle$$

$$(2\text{-}16)$$

交换门作用于基失的效果为

$$\text{SWAP} \mid 00\rangle = \begin{pmatrix} 1 & 0 & 0 & 0 \\ 0 & 0 & 1 & 0 \\ 0 & 1 & 0 & 0 \\ 0 & 0 & 0 & 1 \end{pmatrix} \begin{pmatrix} 1 \\ 0 \\ 0 \\ 0 \end{pmatrix} = \begin{pmatrix} 1 \\ 0 \\ 0 \\ 0 \end{pmatrix} = \mid 00\rangle,$$

$$\text{SWAP} \mid 01\rangle = \begin{pmatrix} 1 & 0 & 0 & 0 \\ 0 & 0 & 1 & 0 \\ 0 & 1 & 0 & 0 \\ 0 & 0 & 0 & 1 \end{pmatrix} \begin{pmatrix} 0 \\ 1 \\ 0 \\ 0 \end{pmatrix} = \begin{pmatrix} 0 \\ 0 \\ 1 \\ 0 \end{pmatrix} = \mid 10\rangle$$

$$\text{SWAP} \mid 10\rangle = \begin{pmatrix} 1 & 0 & 0 & 0 \\ 0 & 0 & 1 & 0 \\ 0 & 1 & 0 & 0 \\ 0 & 0 & 0 & 1 \end{pmatrix} \begin{pmatrix} 0 \\ 0 \\ 1 \\ 0 \end{pmatrix} = \begin{pmatrix} 0 \\ 1 \\ 0 \\ 0 \end{pmatrix} = \mid 01\rangle,$$

$$\text{SWAP} \mid 11\rangle = \begin{pmatrix} 1 & 0 & 0 & 0 \\ 0 & 0 & 1 & 0 \\ 0 & 1 & 0 & 0 \\ 0 & 0 & 0 & 1 \end{pmatrix} \begin{pmatrix} 0 \\ 0 \\ 0 \\ 1 \end{pmatrix} = \begin{pmatrix} 0 \\ 0 \\ 0 \\ 1 \end{pmatrix} = \mid 11\rangle$$

即将两个输入的状态相交换。

2.3.3 多位门

一个重要的三位门是 Toffoli 门,又称控制控制非门,如图 2-12 所示。它有两个控制位,一个目标位,当且仅当两个控制位都处在态 $|1\rangle$ 时,才对目标位执行逻辑非操作,相当于目标位和控制位的与进行异或。

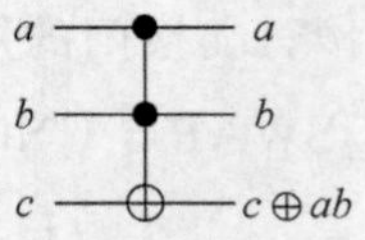

图 2-12 Toffoli 门

从 CNOT 门到 Toffoli 门,控制位个数从 1 增加到 2,实际上,控制位个数还可以继续增加到 n 个,我们称有 n 个控制位的逻辑非门为 n-CNOT 门,因此,Toffoli 门又可以称为 2-CNOT 门,即有两个控制位的控制

非门。

n-CNOT 门的控制位可以为 0 时起作用,也可以为 1 时起作用,量子线路中分别用"。"和"·"表示,为了能较为简便地描述 n-CNOT 门中控制位的情况,这里给出控制值的概念。

用 1 比特位对"。"和"·"编码:"。"编码为 0,"·"编码为 1,将 n-CNOT 门中所有控制位对应的编码按照从上到下的顺序连接成一个二进制数,这个二进制数就是该 n-CNOT 门的控制值。例如图 2-13 给出的例子,一个 5-CNOT 门,从上到下,它的 5 个控制位分别为"·。。··",对应的编码为"10011",将该编码看成一个二进制数,则控制值为二进制的 10011,即十进制的 19。

为了能更简单地表示 n 个控制位,可以将它们表示为一个线路模块 CV(v)[28],其中 v 是十进制控制值,显然 $0 \leqslant v \leqslant 2^n - 1$。则图 2-13 中的 5-CNOT 门可以简化为图 2-14。其中模块 CV(19)所盖住的横线较粗,表明此处有多个量子比特,具体个数由其上标注的"5"给出。

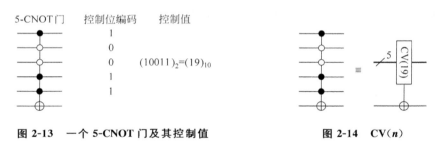

图 2-13　一个 5-CNOT 门及其控制值　　　　图 2-14　CV(n)

2.3.4　量子计算复杂性

量子算法的复杂性分为物理复杂性和逻辑复杂性。物理复杂性与量子系统的物理实现有关,本书中不讨论。逻辑复杂性用量子线路网络模型中逻辑门的个数来衡量。但是由于各个逻辑门在实现时,本身的复杂性有较大差别,因此量子算法的逻辑复杂性与所选用的基本逻辑门有关,通常选用控制非门和非门作为基本逻辑门。这是因为控制非门和非门是量子计算的通用量子逻辑门组[20],即用这两种门可以组合出任意一种量子逻辑门的功能。

文献[27]给出了几个逻辑门复杂度的换算关系,其中本书中常用的 3 个是:
- 一个控制位全为"·"的 n-CNOT 门($n \geqslant 3$)等价于 $2(n-1)$ 个 Toffoli 门和 1 个 CNOT 门。

- 一个 Toffoli 门等价于 6 个 CNOT 门。
- 一个交换门等价于 3 个 CNOT 门。

因此一个控制位全为"•"的 n-CNOT 门（$n \geqslant 3$）的复杂度为

$$6 \times 2(n-1) + 1 = 12n - 11$$

当 n-CNOT 门的控制位有"○"时,可以通过在其前后各加 1 个非门,将所有控制位变为"•",如图 2-15 所示。因此,复杂度为

$$(12n-11) + 2 = 12n - 9 \qquad\qquad (2\text{-}17)$$

需要注意的是,无论控制位中有多少个为"○",所有处在 n-CNOT 门前面的非门可同时运行,所有处在 n-CNOT 门后面的非门也可同时运行,即图 2-15 中,1 号和 2 号非门同时运行,3 号和 4 号非门同时运行,也就是说复杂度前后各只增加 1 步。因此式(2-17)中,只需在 $12n-11$ 的复杂度基础上加 2 即可。

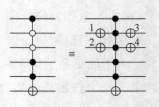

图 2-15　控制位"○"的分解

通常就用 $12n-9$ 作为 n-CNOT（$n \geqslant 3$）门的复杂度,而不再区分控制位是否全为"•"。

2.4　本章小结

为了便于读者理解后续的量子图像处理算法,本章简要介绍了量子计算的基础知识。包括量子态的表示、态叠加原理、量子系统的演化、量子态纠缠、不可克隆定理等,分析了量子计算机相比于经典计算机在时间和空间上的优势,介绍了量子计算中的基本量子逻辑门。

第3章

量子图像处理研究进展

虽然量子图像处理是一个新兴研究领域,从 2010 年开始,对量子图像处理的研究才逐渐繁荣起来,但是已经有一些相关的研究成果。本章对这些研究成果进行综述。

3.1　概述

要进行量子图像处理,首先是将图像存储到量子计算机中,然后再对这个图像进行各种各样的处理。研究人员也是从这两个方面来研究的,因此就产生了量子图像处理的两个研究分支:量子图像表示和量子图像处理算法,如图 3-1 所示。

量子图像表示方面,不仅要给出图像的表示方法,还要给出如何将图像数据存储在量子计算机上。存储图像的过程称为量子图像制备,本质是一个量子算法。不同的表示方法对应不同的制备过程。现在,已经有多个图像表示方法被提出,例如 Qubit Lattice[14]、Real Ket[15]、Entangled Image[16]、FRQI[17]、NEQR[18]等。

量子图像处理算法方面,目前涉及的研究内容包括几何变换、色彩处理、特征提取、图像分割、图像置乱、图像加密、信息隐藏和数字水印等。

下面分别综述两个分支的研究进展。

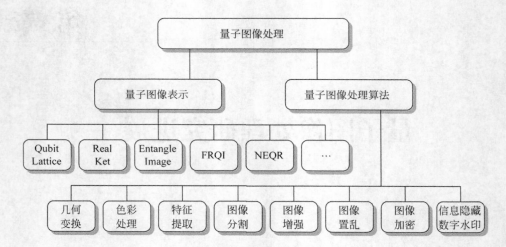

图 3-1   量子图像现有研究内容

3.2   量子图像表示

3.2.1   Qubit Lattice

2003 年,Qubit Lattice 模型[14]借鉴经典图像处理中表示数字图像的方法,将图像看作一个二维矩阵,每个像素存储在一个单独的量子比特中,图像有多少个像素,就需要多少个量子比特,所有这些量子比特逻辑上排成一个量子矩阵(Qubit Lattice)。制备时,同时制备出图像的若干个备份。因此,一个 Qubit Lattice 图像 Z 可以表示为

$$Z = \{Q_k\}, \quad k \in \{1, 2, \cdots, n_3\} \tag{3-1}$$

其中,n_3 是备份个数。

$$Q = \{|q\rangle_{i,j}\}, \quad i \in \{1, 2, \cdots, n_1\}, \quad j \in \{1, 2, \cdots, n_2\} \tag{3-2}$$

是一个 lattice,即图像的一个备份,$n_1 \times n_2$ 是图像尺寸。且

$$|q\rangle = \cos\frac{\theta}{2}\,|0\rangle + e^{i\gamma}\sin\frac{\theta}{2}\,|1\rangle$$

是图像中的一个像素,θ 的值代表像素颜色。

Qubit Lattice 模型受经典图像存储方法的影响较大,能较为自然地从经典图

像过渡到量子图像。但是它没有利用量子的叠加、纠缠等特性,存储图像时用到的量子比特数目较多。

基于 Qubit Lattice 模型的思想,Yuan 又提出了针对红外图像的量子图像表示方法 SQR(Simple Quantum Representation)[31],SQR 利用一个转换器检测和记录红外图像能量的强弱,产生量子位的输出。

3.2.2 Real Ket

2005 年,Real Ket 模型[15]通过不断地对图像进行 4 等分,将图像存储在实值态矢(Real Ket)中。一个 $2^n \times 2^n$ Real Ket 图像可以表示为

$$|\psi_{2^n \times 2^n}\rangle = \sum_{i_1, \cdots, i_n = 1, \cdots, 4} c_{i_n, \cdots, i_1} |i_n, \cdots, i_1\rangle \tag{3-3}$$

其中,c 是像素值,$i_n, \cdots, i_1$ 是图像不断 4 等分后的位置信息。例如一个 4×4 图像(如图 3-2 所示),它的 Real Ket 表示为

$$
\begin{aligned}
|\psi_{2^2 \times 2^2}\rangle &= \sum_{i_1, i_2 = 1, \cdots, 4} c_{i_2 i_1} |i_2 i_1\rangle \\
&= c_{11}|11\rangle + c_{12}|12\rangle + c_{13}|13\rangle + c_{14}|14\rangle \\
&\quad + c_{21}|21\rangle + c_{22}|22\rangle + c_{23}|23\rangle + c_{24}|24\rangle \\
&\quad + c_{31}|31\rangle + c_{32}|32\rangle + c_{33}|33\rangle + c_{34}|34\rangle \\
&\quad + c_{41}|41\rangle + c_{42}|42\rangle + c_{43}|43\rangle + c_{44}|44\rangle
\end{aligned}
$$

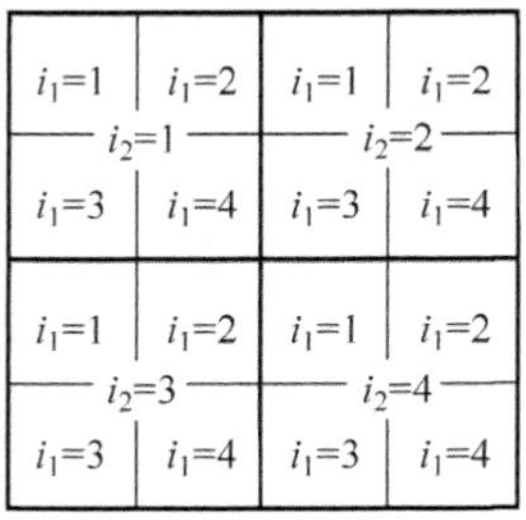

图 3-2 Real Ket 量子图像表示

文献[15]中,笔者还探讨了量子图像的压缩问题,即降低图像制备算法的复杂度。

Real Ket 模型利用了量子的叠加特性,用 n 个量子比特就能表示一个 $2^n \times 2^n$ 图像。但是笔者并未给出如何基于该模型进行图像处理。

3.2.3 Entangled Image

Entangled Image 模型[16]于 2010 年被提出。该模型与 Qubit Lattice 模型有些类似,一个像素用一个量子比特存储。不同之处是,Entangled Image 模型用纠缠态表示图像像素之间的关系,更适合于表示二值几何图像。例如一个二值图像中有两个三角形(如图 3-3 所示),顶点分别为 p、q、r 和 s、t、u,则该图像的 Entangled Image 表示为

$$| I \rangle = \otimes_{i=1, i \neq p,q,r,s,t,u}^{n} | 0 \rangle_i \otimes \frac{| 000 \rangle_{pqr} + | 111 \rangle_{pqr}}{\sqrt{2}}$$

$$\otimes \frac{| 000 \rangle_{stu} + | 111 \rangle_{stu}}{\sqrt{2}} \tag{3-4}$$

其中,n 是图像中的像素个数。也就是说,如果一个像素不是某个图形的顶点,则用 $|0\rangle$ 态表示;否则将属于同一个图形的顶点纠缠在一起。

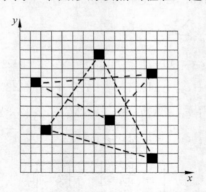

图 3-3　一个二值几何图像

3.2.4 FRQI

2010 年,FRQI 模型(Flexible Representation of Quantum Images)[17]假设图像尺寸为 $2^n \times 2^n$,则纵横坐标分别用 n 个量子比特表示,颜色信息用 1 个量子比特表示。根据 FRQI 的表示方法,一个 $2^n \times 2^n$ 图像 I 可以表示如下:

$$| I \rangle = \frac{1}{2^n} \sum_{i=0}^{2^{2n}-1} | c_i \rangle \otimes | i \rangle$$

$$| c_i \rangle = \cos\theta_i | 0 \rangle + \sin\theta_i | 1 \rangle, \quad \theta_i \in \left[0, \frac{\pi}{2} \right] \tag{3-5}$$

$$|i\rangle = |y\rangle|x\rangle = |y_{n-1}y_{n-2}\cdots y_0\rangle|x_{n-1}x_{n-2}\cdots x_0\rangle, \quad |y_i\rangle|x_i\rangle \in \{0,1\}$$

FRQI 将图像信息分为两部分来表述,分别为颜色信息 $|c_i\rangle$ 和坐标信息 $|i\rangle$,且两部分信息纠缠在一起。利用这种纠缠性质,可以表明颜色和位置的对应关系,即 $|i\rangle = |y\rangle|x\rangle$ 位置上的像素的颜色值为 $|c_i\rangle$。

颜色信息 $|c_i\rangle$ 中,$|0\rangle$ 和 $|1\rangle$ 是基本的二维运算基矢,$(\theta_0, \theta_1, \cdots, \theta_{2^{2n}-1})$ 是颜色的角度编码信息。坐标信息 $|i\rangle$ 又可以分为两部分,$|y\rangle$ 是纵坐标信息,$|x\rangle$ 是横坐标信息。$\otimes$ 表示 Kronecker 积。

图 3-4 给出 FRQI 模型的一个简单例子,该图像是一个 2×2 的图像(共有 4 个像素),代表像素的每个方块中处在第 1 行的值是颜色值,处在第 2 行的值是坐标值,则该图像可表示如下:

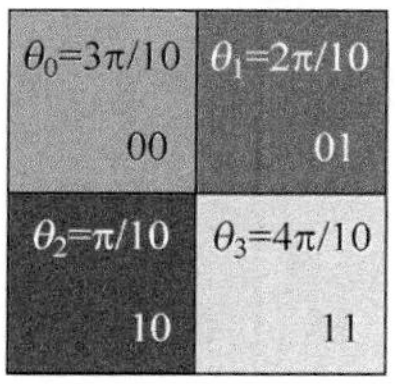

$$|I\rangle = \frac{1}{2}\big[(\cos\theta_0|0\rangle + \sin\theta_0|1\rangle)\otimes|00\rangle + (\cos\theta_1|0\rangle + \sin\theta_1|1\rangle)\otimes|01\rangle$$
$$+ (\cos\theta_2|0\rangle + \sin\theta_2|1\rangle)\otimes|10\rangle + (\cos\theta_3|0\rangle + \sin\theta_3|1\rangle)\otimes|11\rangle\big]$$

图 3-4　一个简单的图像及其 FRQI 表示

FRQI 模型充分利用了量子力学中叠加和纠缠两大特性:

- 坐标信息叠加存储,每个量子比特 y_i/x_i 中同时存储 0 和 1;
- 颜色信息和坐标信息纠缠在一起,不同的坐标信息对应不同的颜色值,即实现了像素坐标和像素颜色之间的对应关系。

该模型仅用 $2n+1$ 个量子比特就可以表示一幅 $2^n\times2^n$ 的图像,这与经典图像处理中所需的 $2^n\times2^n\times8$ 的比特数形成鲜明对比(以灰度图像为例)。而且 FRQI 可以方便灵活地实现一些几何操作。该模型具有划时代的意义,后面的模型多多少少都有 FRQI 的影子。2013 年,FRQI 的发明团队将该模型扩展到彩色图像,位置信息没变,颜色信息方面分别用 3 个量子比特表示 RGB 三原色,用到的量子比特总数为 $2n+3$ [29]。

3.2.5　NEQR

2013 年,NEQR 模型(A Novel Enhanced Quantum Representation)[18] 由中国学者张毅、卢凯、高颖慧等提出,是对 FRQI 模型的改进。坐标信息没有变,而将颜色信息用 q 个量子比特表示,q 是图像色深,即图像最多可以表示 2^q 种颜色。这一改进使得对图像颜色的精细操作更加方便，整个图像用 $2n+q$ 个量子比特即可表示。

根据 NEQR 的表示方法，一个 $2^n \times 2^n$ 图像 I 可以表示为

$$|I\rangle = \frac{1}{2^n} \sum_{i=0}^{2^{2n}-1} |c_i\rangle \otimes |i\rangle$$

$$|c_i\rangle = |c_i^{q-1}\cdots c_i^1 c_i^0\rangle, \quad c_i^k \in \{0,1\}, k = q-1,\cdots,1,0 \tag{3-6}$$

$$|i\rangle = |y\rangle|x\rangle = |y_{n-1}y_{n-2}\cdots y_0\rangle|x_{n-1}x_{n-2}\cdots x_0\rangle, \quad |y_i\rangle|x_i\rangle \in \{0,1\}$$

其中，二值序列 $|c_i^{q-1}\cdots c_i^1 c_i^0\rangle$ 表示图像颜色值（或者灰度值），图像最多可以表示 2^q 种颜色。

图 3-5 给出 NEQR 模型的一个简单例子，该 2×2 图像的色深为 8 比特，图中一个方块代表一个像素，每个方块中处在第 1 行的值是颜色值，处在第 2 行的值是坐标值，均以二进制形式给出。则该图像可表示如下：

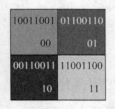

$$|I\rangle = \frac{1}{2}\big[|10011001\rangle \otimes |00\rangle + |01100110\rangle \otimes |01\rangle$$
$$+ |00110011\rangle \otimes |10\rangle + |11001100\rangle \otimes |11\rangle\big]$$

图 3-5　一个简单图像及其 NEQR 表示

以图 3-5 所示的图像为例，简单介绍一下 NEQR 的制备过程。该图像用 10 个量子比特表示，其中 8 个表示颜色，1 个表示 Y 方向坐标，1 个表示 X 方向坐标。制备该图像前，首先准备 10 个量子比特，初值均为态 $|0\rangle$。

用两个 Hadamard 门，将表示坐标信息的两个量子比特变为 $|0\rangle$ 和 $|1\rangle$ 等概出现的叠加态。然后用若干个 2-CNOT 门，设置颜色信息的值，同时将位置信息和颜色信息纠缠在一起。设置颜色值时，如果 $c_i^k=0$，由于量子比特的初态为 $|0\rangle$，此时不需要进行任何额外操作；如果 $c_i^k=1$，则需要用 2-CNOT 门将态 $|0\rangle$ 变为态 $|1\rangle$。图 3-6 给出该图像的制备线路。

笔者在 NEQR 模型的研究基础上提出了 INEQR 模型（Improved NEQR）[32]。相对于 NEQR 表示方法，其颜色信息未做变动，坐标信息更改为用 n_1 个量子位表示 Y 坐标信息，用 n_2 个量子位表示 X 坐标信息，由此将表示 $2^n \times 2^n$ 图像的 NEQR 改进为表示 $2^{n_1} \times 2^{n_2}$ 图像的 INEQR。周日贵等提出了一种与 NEQR 等效的表示方式 QGIE（Quantum Gray-Scale Image Expression）[33]，用一个量子序列表示颜色信息，另一个量子序列表示位置信息。

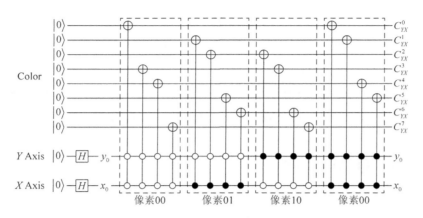

图 3-6　图 3-5 中图像的制备线路

3.2.6　NAQSS

2013 年,中国学者黎海生、周日贵等提出了 NAQSS 模型(Normal Arbitrary Quantum Superposition State)[30],该模型可以表示量子多维图像。对于一个共有 2^n 个像素的 k 维图像来说,该模型用 $n+1$ 个量子位来表示图像。其中 n 个量子位用来表示颜色和坐标,另外一个量子位用来存储图像分割信息。假设图像颜色的取值范围为 $0\sim M-1$,则图像 I 可表示如下:

$$|I\rangle = \sum_{i=0}^{2^n-1} \theta_i \mid i\rangle \mid \chi_i\rangle$$

$$|i\rangle = \mid v_1\rangle \mid v_2\rangle \cdots \mid v_k\rangle$$

$$\theta_i = \frac{a_i}{\sqrt{\sum_{i=0}^{2^n-1} a_i^2}}, \quad a_i \in \{\phi_0, \phi_1, \cdots, \phi_{M-1}\}, \quad \phi_j = \frac{\pi}{2} \cdot \frac{j}{M} \tag{3-7}$$

$$|\chi_i\rangle = \cos\gamma_i \mid 0\rangle + \sin\gamma_i \mid 1\rangle, \quad \gamma_i \in \{\beta_0, \beta_1, \cdots, \beta_{m-1}\}, \quad \beta_l = \frac{\pi}{2} \cdot \frac{l}{m}$$

其中,$|i\rangle$ 是 k 维坐标信息,$|v_i\rangle$ 为第 i 维坐标,$|v_1\rangle|v_2\rangle\cdots|v_k\rangle$ 共有 n 个量子位,可以表示全部 2^n 个像素;θ_i 为颜色信息,需要注意的是,与 FRQI、NEQR 等方法完全不同,颜色信息并不记录在量子比特中,而是用 $|i\rangle$ 出现的概率表示,因此必须满足 $\sum_{i=0}^{2^n-1} \theta_i^2 = 1$;$|\chi_i\rangle$ 为图像分割信息,假设图像分为 m 个子图像,且 $\gamma_i = \beta_l$,则 $|\chi_i\rangle$

表示像素$|i\rangle$属于第l个子图像。

对于表示颜色和位置的那n个量子位$|i\rangle$,出现量子态为$|000\cdots0\rangle$的概率为θ_0,出现量子态为$|000\cdots1\rangle$的概率为θ_1,以此类推,直到出现量子态为$|111\cdots1\rangle$的概率为θ_{2^n-1}。也就是说,对n个量子态进行测量之后,出现$|000\cdots0\rangle$的概率θ_0为位置0的颜色,出现$|000\cdots1\rangle$的概率θ_1为位置1的颜色,以此类推。

3.2.7　QSMC & QSNC

2013年,中国学者黎海生、周日贵等提出了 QSMC & QSNC 模型[34],该模型是从 Qubit Lattice 模型扩展而来的。

QSMC & QSNC 中用 QSMC 模型来表示图像的颜色信息,用 QSNC 模型来表示图像像素的坐标位置信息。QSMC 模型用角度信息来存储颜色,用一个双射函数来建立颜色和角度的一对一的映射关系。QSNC 模型同样也用角度信息存储坐标,用双射函数建立像素的坐标信息和角度之间的映射关系,并根据表述的图像是灰度图像还是彩色图像有相应的调整。

3.2.8　QUALPI

2013年,中国学者张毅等还提出了针对极坐标图像的表示模型 QUALPI[35,36]。图 3-7 给出极坐标图像与正常图像之间的对应关系。QUALPI 模型中,先按照图 3-7 所示原理将图像转换到极坐标系中,然后类似于 NEQR,分别用两个纠缠在一起的二进制量子比特序列表示角度和长度。

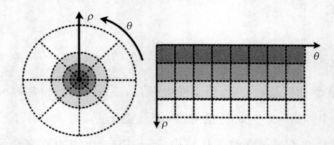

图 3-7　QUALPI 中极坐标图像与正常图像之间的对应关系

3.3 量子图像处理算法

3.3.1 几何变换

1. 简单几何变换

2010 年,Le 等人在提出 FRQI 表示方法之后仅仅两个月,就基于该方法给出了几个快速实现图像几何变换的方法[37]。包括整体或者局部的水平翻转或者垂直翻转、整体或者局部的图像转置、正交旋转($90°$、$180°$、$270°$旋转),用受控逻辑门即可实现,简单快捷。

(1)整体或者局部的水平翻转或者垂直翻转

将坐标信息$|y\rangle$或者$|x\rangle$中的量子比特取反,即可实现图像翻转。局部翻转通过将一部分坐标信息做控制位即可实现。图 3-8 是一个局部翻转的例子。y_2做控制位,只有当y_2为 1 时才进行翻转,即只对下面 4 行翻转。翻转时对所有x取反,因此进行的是左右翻转。

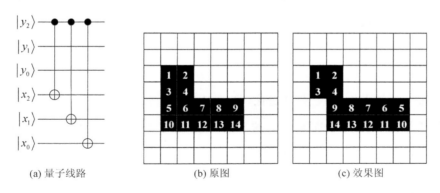

(a) 量子线路   (b) 原图   (c) 效果图

图 3-8 图像翻转

(2)整体或者局部的图像转置

将坐标信息$|y\rangle$和$|x\rangle$中对应的量子比特交换,即可实现图像转置。局部转置通过将一部分坐标信息作控制位即可实现。图 3-9 是一个局部转置的例子。x_2和y_2做控制位,只有当x_2和y_2均为 1 时才转置,即只对右下角的 1/4 图像块转置。

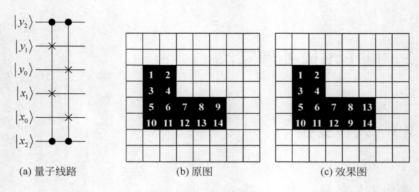

図 3-9　图像转置

（3）正交旋转

所谓正交旋转指的是 $90°$、$180°$、$270°$旋转，通过翻转和转置的组合来实现。

- $90°$旋转：水平翻转一次＋转置一次。
- $180°$旋转：垂直翻转一次＋水平翻转一次。
- $270°$旋转：垂直翻转一次＋转置一次。

文献[37]给出的方法体现了量子图像处理的灵活性和高效性。受控逻辑门提供了一个灵活的工具，可以操作图像的一部分。颜色信息和坐标信息纠缠在一起，使得当需要改变像素位置的时候，量子算法不必像在经典图像处理中那样逐像素进行像素搬移，只需要对坐标信息进行简单的变换就能改变像素的位置。这也是 FRQI 具有划时代意义的所在。

2. 图像缩放

图像缩放涉及图像尺寸的变化，笔者对该问题进行了研究，提出了缩放倍数为 2^r 基于最近邻插值的缩放[38]。这是首次提出的能够改变图像尺寸的量子图像处理算法，将在本书第 6 章详细介绍该算法。

3. 图像平移

2015 年，笔者提出一个量子图像平移算法[39]，该算法能够实现量子图像的整体平移和循环平移。尤其是循环平移，可以实现量子傅里叶变换的频谱搬移。该算法也将在本书第 6 章详细介绍。

目前已知的量子图像几何变换算法不多，且都是较为简单的变换，有大量的问题有待研究人员解决。

3.3.2 色彩处理

1. 简单色彩处理

2013 年出现的 NEQR 模型可以方便地处理图像的色彩信息。文献[18]在给出 NEQR 模型的同时,给出了一些色彩处理的量子算法。假设图像色深为 8bit,则文献[18]中给出的色彩处理算法包括:

(1) 全部或部分位平面反色

直接将位平面对应的量子比特取反即可。图 3-10 是一个例子。

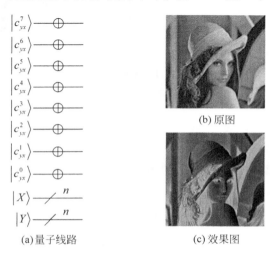

(a)量子线路　　(c)效果图

图 3-10 全部位平面反色

(2) 二值化

文献[18]利用 Toffoli 门、交换门和非门定理了与门($\cap$)和或门($\cup$),并在此基础上给出了图像二值化的方法。图 3-11 是一个例子。

2. 伪彩色处理

2015 年,笔者所在课题组提出一种量子图像伪彩色算法[40],伪彩色处理属于图像增强算法。该算法能够实现基于亮度分层方法的量子图像伪彩色处理。对算法的分析表明,从经典到量子,空间复杂度从 HWq 降到 $\log_2 H + \log_2 W + q$,时间复杂度从 $2HW$ 降到 $13(t+q)$,其中 HW 为图像尺寸,q 为图像色深,2^t 为颜色图中颜色数目。在本书第 7 章中将详细介绍该算法。

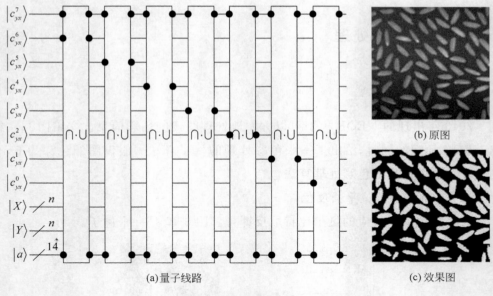

(a)量子线路   (b)原图

(c)效果图

图 3-11　图像二值化

3.3.3　图像分割

量子图像特征提取方面的研究处在起步阶段,研究成果还不是很多。

2010 年,Venegas-Andraca 等人基于 Entangled Image 模型提出了量子图像分割问题[16]。利用 Entangled Image 模型,用纠缠态表示图像像素之间关系的特性,将属于同一物体的顶点存储在一组相互纠缠的量子比特中,这样需要将哪一个物体分割出来,就找对应的那一组相互纠缠的量子比特,完成图像分割。遗憾的是,该文献实际上仅实现了分割结果的存储,分割过程(即判断哪些顶点属于同一物体)需要依靠人工完成。

2013 年,黎海生、周日贵团队重新研究了该问题,基于 QSMC&QSNC 量子图像表示模型,给出一个图像分割算法[34]。算法原理是利用 Grover 量子搜索算法找到大于某一阈值 f 的像素,这些像素就是前景,如果分割出的前景像素太多或者太少,就调整阈值 f 再重复一遍算法,直到找到合适的前景。该算法既能用来分割灰度图像,也能用来分割彩色图像。

2015 年,Caraiman 等人给出一个基于门限的图像分割算法[41]。该算法与黎海生等人提出的算法原理上是类似的,也是利用 Grover 量子搜索算法找到大于某一阈值 f 的像素,这些像素就是前景。不同之处在于阈值 f 的确定不是通过试探获得,而是根据直方图计算得来[42]。

3.3.4 特征提取

量子图像特征提取方面的研究处在起步阶段,研究成果还不是很多。

2015 年,卢凯、高颖慧团队给出一个从量子图像中提取角点的方法[43],该方法通过计算梯度来判断一个像素点是否为角点,效果如图 3-12 所示。

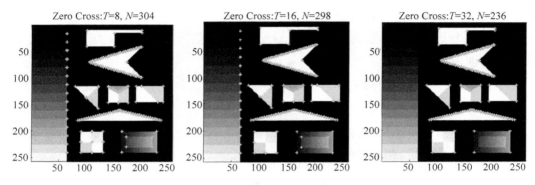

图 3-12 提取角点效果图(其中 T 是阈值,N 是提取出的角点数量)

现有的量子图像特征提取方面的成果,远少于经典图像特征提取方面的成果,原理上也相对简单,还有大量的工作需要做。

3.3.5 图像置乱

图像置乱指的是将图像变为不可读的形式,本质是像素位置变化,即像素置换。置乱与几何变换的相似之处是都存在像素位置变化,不同之处是几何变换之后图像内容仍然可以辨认,且多数几何变换都存在像素数量的变化;而置乱操作的目的是把图像变为不可辨认的形式,且像素数目不变。

2013 年,中国学者张伟伟、高飞在研究量子水印时提出了两个相似的量子图像置乱算法,且都给出了置乱线路[44~45]。其原理是由用户给定两个数组 M 和 N,数组的长度分别为图像的行数和列数,$M(i)$ 和 $N(j)$ 分别表示 M 和 N 的第 i 个和第 j 个元素,则图像中的像素 (i,j),根据 $M(i)$ 和 $N(j)$ 的值被放在图像的另一个位置上,其中的 M 和 N 可以作为算法密钥。该置乱方法的优点是量子线路较为简单,缺点是置乱效果靠人工给定的参数 M 和 N 决定,置乱度不能保证。

2014 年,笔者所在项目组提出了 3 种量子图像置乱算法,分别用量子线路实现了经典的 Arnold 置乱[46~47]、Fibonacci 置乱[46~47]、Hilbert 置乱[48],以及它们的逆变换,这 3 种置乱均是图像处理中常用的置乱方法。Arnold 置乱和 Fibonacci 置乱较为相似,基于加法线路实现。Hilbert 置乱采用逐步迭代的方法实现。在本书第 5 章中将详细介绍这些置乱算法。

3.3.6　图像加密

图像加密是量子图像处理中一个成果较多的方向。周南润等人[49~50],王莘、宋向华等人[51~52],周日贵等人[53~54],Akhshani 等人[55],杨宇光等人[56]都提出了自己的图像加密算法。

这些加密算法的流程基本一致,都是基于某种几何变换(如 Arnold 置乱、Le 等人提出的简单几何变换方法[37]、逻辑映射等)或者色彩处理算法的。加密出的图像效果不同于单纯的图像置乱的效果,基本上如图 3-13 所示,加密后的图像显示出随机数的性质,相邻像素间的相关性较低,如图 3-14 所示。

(a) 原图　　　　　　　　　　(b) 加密后的图像

图 3-13　文献[49]中的图像加密效果

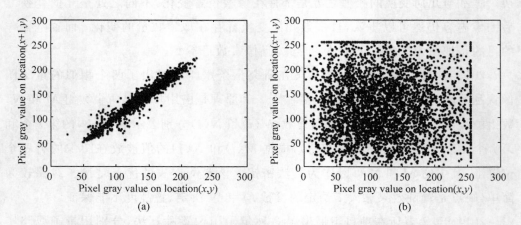

(a)　　　　　　　　　　　　　(b)

图 3-14　图 3-13 中两幅图像相邻像素的相关度((a)显示原图中像素(x,y)
和$(x+1,y)$的值相差不大;(b)像素的值基本为随机分布)

3.3.7　信息隐藏和数字水印

信息隐藏和数字水印是量子图像处理中研究较为活跃的一个领域。在 FRQI 和 NEQR 表示方法出现之前,这方面的研究更接近于保密通信[57~60]。因为有别于本书的研究内容,在此不对这些研究成果进行描述。在此只对之后的成果进行分析。

Iliyasu 等人(FRQI 表示方法的发明人之一)给出了一个量子图像认证算法[61~62]。根据给定的图像-水印对(图像即原始载体,水印其实也是一幅图像),构造一个由水平翻转、垂直翻转、置换、无操作 4 种操作构成的二维矩阵(称为水印图),再根据该二维矩阵构造量子线路,将原始载体从左端输入,右端输出即可得到含水印载体。认证时需要用到原始载体和水印。

该算法的不足:一是没有给出构造水印图的量子线路,实验中该过程要在经典计算机上完成;二是水印并未真正嵌入载体中,只能完成认证功能,不能完成水印提取功能;三是这是一个非盲水印算法,认证时需要用到原始载体和水印。

2013 年,中国学者张伟伟、高飞等给出两种量子水印算法[44~45],均基于 FRQI 表示方法,一种将水印嵌入 QFT 系数中;另一种将水印嵌入 Taylor 级数中。这两个算法也都是非盲水印算法。很快,中国学者杨宇光对其中基于 QFT 的量子水印算法进行了改进,对其中的内容进行了进一步的明确[63]。

中国学者宋向华等给出两个相似的量子水印算法[64~65],也是基于 FRQI 表示方法,分别将水印嵌入载体小波系数和哈达玛系数中,提取时用含水印载体的频域系数减去原始载体的频域系数得到水印,这两个算法也是非盲水印算法。

2014 年,笔者所在项目组也提出了两种量子水印算法[66~67]。其中文献[66]给出了一个基于莫尔条纹的水印算法,该算法根据莫尔原理,将水印嵌入载体像素值中,提取时需要原始载体,属非盲水印算法。文献[67]在量子计算机上实现了经典的 LSB 算法,嵌入和提取过程的所有步骤均给出了量子线路,嵌入和提取过程均可在量子计算机上完成,无须经典计算机或者人工的参与,且提取时不需要原始载体或者原始水印,是完全的盲水印算法。

3.4　本章小结

　　研究人员已经开始量子图像处理方面的研究,取得了不少优秀成果,但是仍然面临诸多挑战,最明显的问题是:与经典计算机上图像处理方面的成果相比还太少,还不足以使量子图像处理成为一个完整的体系。需要研究人员不断努力,逐步使量子图像处理丰满起来。

第4章

量子图像表示

从本章开始,着重介绍笔者自己的工作,包括量子图像表示、量子图像置乱、量子图像几何操作、量子伪彩色处理、量子信息隐藏等方面。本章介绍我们在量子图像表示方面的相关工作。

4.1 INEQR

2015 年,我们扩展了 NEQR 模型,提出 INEQR(Improved NEQR)模型[32]。新模型 INEQR 保留了 NEQR 的优点,并将图像尺寸从 $2^n \times 2^n$ 扩展为 $2^{n_1} \times 2^{n_2}$,即长宽可以不相等。存储图像所需量子比特数为 $n_1 + n_2 + q$,其中 q 是图像色深。

$$| I \rangle = \frac{1}{2^{\frac{n_1+n_2}{2}}} \sum_{Y=0}^{2^{n_1}-1} \sum_{X=0}^{2^{n_2}-1} | c_{YX} \rangle \otimes | YX \rangle$$

$$| c_{YX} \rangle = | c_{YX}^{q-1} \cdots c_{YX}^1 c_{YX}^0 \rangle, \quad c_{YX}^k \in \{0,1\}, k = q-1, \cdots, 1, 0 \tag{4-1}$$

$$| Y \rangle | X \rangle = | y_{n-1} y_{n-2} \cdots y_0 \rangle | x_{n-1} x_{n-2} \cdots x_0 \rangle, \quad | y_i \rangle | x_i \rangle \in \{0,1\}$$

可见,从 NEQR 到 INEQR,图像表示方法并没有太大的变化,只是将图像尺寸从 $2^n \times 2^n$ 扩展为 $2^{n_1} \times 2^{n_2}$,仍然没有摆脱 2^n 的限制。不能表示常见的一些图像尺寸,如 1024×768、1440×900 等。为了彻底解决 NEQR 对图像尺寸的限制,我们又提出了 GQIR 模型。

4.2　GQIR

GQIR 是通用量子图像表示(Generalized Quantum Image Representation)的缩写，它可以表示任意尺寸和任意色深的图像[40]。

4.2.1　GQIR 表示

GQIR 从 NEQR 扩展而来，将图像尺寸从 $2^n \times 2^n$ 扩展为任意尺寸 $H \times W$，所需量子比特数为 $\lceil \log_2 H \rceil + \lceil \log_2 W \rceil + q$，其中 q 是图像色深。

一个 $H \times W$ 图像 I 可以表示为

$$| I \rangle = \frac{1}{\sqrt{2}^{h+w}} \sum_{Y=0}^{H-1} \sum_{X=0}^{W-1} \otimes_{i=0}^{q-1} | C_{YX}^i \rangle | YX \rangle$$

$$| YX \rangle = | Y \rangle | X \rangle = | y_0 y_1 \cdots y_{h-1} \rangle | x_0 x_1 \cdots x_{w-1} \rangle, \quad y_i, x_i \in \{0,1\} \quad (4\text{-}2)$$

$$| C_{YX} \rangle = | C_{YX}^0 C_{YX}^1 \cdots C_{YX}^{q-1} \rangle, \quad C_{YX}^i \in \{0,1\}$$

其中，

$$h = \begin{cases} \lceil \log_2 H \rceil, & H > 1 \\ 1, & H = 1 \end{cases}, \quad w = \begin{cases} \lceil \log_2 W \rceil, & W > 1 \\ 1, & W = 1 \end{cases} \quad (4\text{-}3)$$

且，$| YX \rangle$ 是坐标信息；$| C_{YX} \rangle$ 是颜色信息；$\otimes$ 表示 Kronecker 积。

事实上，GQIR 用 $h = \lceil \log_2 H \rceil$ 个量子比特表示 Y 轴坐标信息，用 $w = \lceil \log_2 W \rceil$ 个量子比特表示 X 轴坐标信息，然而这样将会产生 $(2^h - H)$ 行和 $(2^w - W)$ 列的冗余信息，冗余信息的产生是由于二进制运算的特性引起的，是不可避免的。例如，如果使用二进制编码表示 5 个字符，则编码长度为 $\lceil \log_2 5 \rceil = 3$，其中只有 000、001、010、011、100 是有用的，剩下的编码 101、110、111 都是不可避免的冗余的信息。

GQIR 表示方法中，存在相似的情况。由于 Hadamard 门作用于量子位态 $|0\rangle$ 上可以等概率地将量子态变成 $|0\rangle$ 和 $|1\rangle$，因此 $h+w$ 个量子比特可以产生 $2^h \times 2^w$ 的空白图像，将它称为 $2^h \times 2^w$ 大小的盒子。然而此盒子中只有 $H \times W$ 个像素是有效的，其他 $2^h \times 2^w - H \times W$ 个"像素"是冗余信息。我们规定图像放在盒子的左上角。所有的冗余信息位都保留为 $|0\rangle$。图 4-1 是 GQIR 表示方法的一个示意图，

其中白色的部分表示真实有效的图像,阴影部分表示不可避免的冗余。可以看到,NEQR 模型是 GQIR 模型当 $H=W=2^n$ 时的特殊情况。

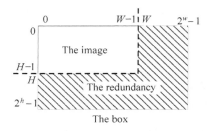

图 4-1 GQIR 示意图

整个盒子可以表示为

$$|B\rangle = |I\rangle + \frac{1}{\sqrt{2}^{h+w}}\left(\sum_{Y\in\{H,\cdots,2^h-1\}\ \text{or}\ X\in\{W,\cdots,2^w-1\}}\bigotimes_{i=0}^{q-1}|0\rangle|YX\rangle\right) \quad (4\text{-}4)$$

图 4-2 给出 GQIR 模型的一个简单例子,由于图像尺寸为 1×3,因此

$$h=1,\quad w=\lceil\log_2 3\rceil=2$$

图像的色深为 8bit,即 $q=8$,则该图像可表示如下:

	00	01	10
0	0	128	255

$|I\rangle = \frac{1}{\sqrt{2}^3}(|00000000\rangle\otimes|000\rangle + |10000000\rangle\otimes|001\rangle + |11111111\rangle\otimes|010\rangle)$

图 4-2 一个简单图像及其 GQIR 表示

需要注意的是,由于冗余"像素"不参与图像运算,因此使用 GQIR 模型时,只写出有效像素部分 $|I\rangle$ 即可,无须写出整个盒子 $|B\rangle$。

GQIR 模型不仅可以表示灰度图像,也可以表示 24 位彩色图像,当 $q=24$ 时,规定

$$|R\rangle = |C_{YX}^0\cdots C_{YX}^7\rangle,\quad |G\rangle = |C_{YX}^8\cdots C_{YX}^{15}\rangle,\quad |B\rangle = |C_{YX}^{16}\cdots C_{YX}^{23}\rangle \quad (4\text{-}5)$$

分别表示红、绿、蓝三原色。

4.2.2 图像制备

图像制备是一个将图像存储到量子计算机上的过程,本身也是一个量子态的演化过程:从量子初始态演化到存储图像的态,能够用量子线路模型表示。GQIR 的图像制备实质是盒子的制备过程,这是因为冗余是不可去除的部分,但是后面我们仍然称该过程为 GQIR 的图像制备。

GQIR 图像制备过程共分为以下 3 个步骤。

（1）准备量子初始态。

准备 $h+w+q$ 个量子比特，并将它们全部置于 $|0\rangle$ 态。量子系统初始态为

$$|\Psi\rangle_0 = |0\rangle^{\otimes h+w+q} \tag{4-6}$$

（2）产生一个 $2^h \times 2^w$ 的空盒子。

用 q 个恒等门 I 保持颜色信息不变；$h+w$ 个 Hadamard 门 H 将位置信息由初态 $|0\rangle$，变为 $|0\rangle$ 和 $|1\rangle$ 出现概率相同的态。

步骤（2）的演化过程可以用 U_1 表示

$$U_1 = I^{\otimes q} \otimes H^{\otimes h+w} \tag{4-7}$$

将 U_1 作用于初始态 $|\Psi\rangle_0$，能够得到中间态 $|\Psi\rangle_1$ 为

$$|\Psi\rangle_1 = U_1(|\Psi\rangle_0) = (I|0\rangle)^{\otimes q} \otimes (H|0\rangle)^{\otimes h+w}$$

$$= \frac{1}{\sqrt{2}^{h+w}} |0\rangle^{\otimes q} \otimes \sum_{i=0}^{2^{h+w}-1} |i\rangle$$

$$= \frac{1}{\sqrt{2}^{h+w}} \sum_{Y=0}^{2^h-1} \sum_{X=0}^{2^w-1} |0\rangle^{\otimes q} |YX\rangle \tag{4-8}$$

中间态 $|\Psi\rangle_1$ 实质就是一个 $2^h \times 2^w$ 的空盒子，因为 $h+w$ 个 qubit 的位置信息中，$|0\rangle$ 和 $|1\rangle$ 出现概率相等，意味着 $|0\rangle$ 和 $|1\rangle$ 叠加存储在这 $h+w$ 个位置信息中，且 q 个 qubit 的颜色信息仍然保持全为 $|0\rangle$，因此 $|\Psi\rangle_1$ 是一个 $2^h \times 2^w$ 的空盒子。

（3）设置图像颜色值。

该步骤一个像素一个像素地设置图像颜色。由于图像中一共有 $H \times W$ 个像素，因此步骤（2）可以分为 $H \times W$ 个子步骤，每个子步骤设置一个像素的颜色值。对于像素 (Y, X)，子步骤 U_{YX} 定义为

$$U_{YX} = \left(I \otimes \sum_{ji \neq YX} |ji\rangle\langle ji|\right) + \Omega_{YX} \otimes |YX\rangle\langle YX| \tag{4-9}$$

其中前半部分 $I \otimes \sum_{ji \neq YX} |ji\rangle\langle ji|$ 表明当位置信息不等于 YX 时，颜色信息不变；后半部分 $\Omega_{YX} \otimes |YX\rangle\langle YX|$ 用来设置像素 (Y, X) 的颜色值。由于像素颜色信息由 q 个 qubit 构成，Ω_{YX} 可进一步分解为 q 个操作：

$$\Omega_{YX} = \otimes_{i=0}^{q-1} \Omega_{YX}^i \tag{4-10}$$

Ω_{YX}^i 的作用是将像素 (Y, X) 中第 i 个颜色信息的值由态 $|0\rangle$ 变为存储颜色的态 $|C_{YX}^i\rangle$。异或操作能够实现这种变化：

$$\Omega_{YX}^i : |0\rangle \rightarrow |0 \oplus C_{YX}^i\rangle \tag{4-11}$$

当 $C_{YX}^i = 1$ 时，$\Omega_{YX}^i : |0\rangle \rightarrow |0 \oplus 1\rangle = |1\rangle$ 是一个 $(h+w)$-CNOT 门，$h+w$ 个位置信息是控制位，用来控制只有当位置信息为 YX 时才改变颜色值；当 $C_{YX}^i = 0$ 时，$\Omega_{YX}^i : |0\rangle \rightarrow |0 \oplus 0\rangle = |0\rangle$ 是恒等门，可省略。因此 Ω_{YX} 作用于 q 个 qubit 全 0 的颜色信息初值，可得到

$$\Omega_{YX} |0\rangle^{\otimes q} = \otimes_{i=0}^{q-1} (\Omega_{YX}^i |0\rangle) = \otimes_{i=0}^{q-1} |0 \oplus C_{YX}^i\rangle$$
$$= \otimes_{i=0}^{q-1} |C_{YX}^i\rangle = |C_{YX}\rangle \tag{4-12}$$

将 U_{YX} 作用于中间态 $|\Psi\rangle_1$，得到

$$U_{YX}(|\Psi\rangle_1) = U_{YX}\left(\frac{1}{\sqrt{2}^{h+w}} \sum_{j=0}^{2^h-1} \sum_{i=0}^{2^w-1} |0\rangle^{\otimes q} |ji\rangle\right)$$

$$= \frac{1}{\sqrt{2}^{h+w}} U_{YX}\left(\sum_{ji \neq YX} |0\rangle^{\otimes q} |ji\rangle + |0\rangle^{\otimes q} |YX\rangle\right)$$

$$= \frac{1}{\sqrt{2}^{h+w}}\left(\sum_{ji \neq YX} |0\rangle^{\otimes q} |ji\rangle + \Omega_{YX} |0\rangle^{\otimes q} |YX\rangle\right)$$

$$= \frac{1}{\sqrt{2}^{h+w}}\left(\sum_{ji \neq YX} |0\rangle^{\otimes q} |ji\rangle + |C_{YX}\rangle |YX\rangle\right) \tag{4-13}$$

U_{YX} 设置了一个像素的颜色值，要想设置所有 $H \times W$ 个像素的值，定义如下操作

$$U_2 = \prod_{Y=0}^{H-1} \prod_{X=0}^{W-1} U_{YX} \tag{4-14}$$

将 U_2 作用于中间态 $|\Psi\rangle_1$，得到

$$|\Psi\rangle_2 = U_2(|\Psi\rangle_1)$$

$$= \frac{1}{\sqrt{2}^{h+w}}\left(\sum_{Y=0}^{H-1} \sum_{X=0}^{W-1} \Omega_{YX} |0\rangle^{\otimes q} |YX\rangle\right.$$

$$\left. + \sum_{Y \in \{H,\cdots,2^h-1\} \text{ or } X \in \{W,\cdots,2^w-1\}} |0\rangle^{\otimes q} |YX\rangle\right)$$

$$= \frac{1}{\sqrt{2}^{h+w}}\left(\sum_{Y=0}^{H-1} \sum_{X=0}^{W-1} |C_{YX}\rangle |YX\rangle\right.$$

$$\left. + \sum_{Y \in \{H,\cdots,2^h-1\} \text{ or } X \in \{W,\cdots,2^w-1\}} |0\rangle^{\otimes q} |YX\rangle\right) \tag{4-15}$$

对比式(4-4)，态 $|\Psi\rangle_2$ 即整个盒子 $|B\rangle$，也就是说，整个图像都存储在了量子系统中，完成了图像制备过程。

整个图像制备过程中，最关键的两个操作是：一是用 Hadamard 门设置好位

置信息；二是用 $(h+w)$-CNOT 门设置颜色信息。为了更清楚地表明这个过程，图 4-3 给出图 4-2 所示例子的制备线路。

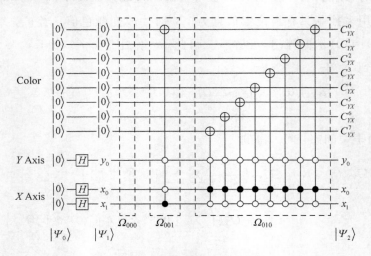

图 4-3   图 4-2 所示例子的制备线路

初始态 $|\Psi\rangle_0$ 为 11 个 qubit 的全 0 态。经过 3 个 Hadamard 门的作用，形成位置信息 y_0 和 $x_0 x_1$，此时的中间态 $|\Psi\rangle_1$ 是一个 2×4 的空盒子。之后用 3-CNOT 门设置颜色信息：

- 第 1 个像素的颜色值为 0，对应的二进制颜色值为 00000000，因此 Ω_{000} 不需要做任何操作，即 $\Omega_{000}^0, \Omega_{000}^1, \cdots, \Omega_{000}^7$ 都是恒等门，可省略。

- 第 2 个像素颜色值为 128，对应的二进制颜色值为 10000000，只需要改变最高比特位的值，即 Ω_{001}^0 是控制非门，$\Omega_{001}^1, \Omega_{001}^2, \cdots, \Omega_{001}^7$ 都是恒等门。因此 Ω_{001} 中只有一个 3-CNOT 门，用来将最高比特位变为 1，该 3-CNOT 门的控制值为二进制的 001，对应于该像素的位置信息。

- 第 3 个像素颜色值为 255，对应的二进制颜色值为 11111111，所有 8 个颜色比特的值都需要修改，即 $\Omega_{000}^0, \Omega_{000}^1, \cdots, \Omega_{000}^7$ 都是控制非门。因此 Ω_{010} 中有 8 个 3-CNOT 门，它们的控制值均为二进制的 010，表示将 010 位置上的像素的 8 比特颜色值全部修改为 1。

经过上述操作，最终得到存储图像的态 $|\Psi\rangle_2$。

需要注意的是，控制非门将位置信息和颜色信息纠缠在一起，即在颜色和位置之间建立起对应关系。这样的好处是，虽然所有像素的颜色信息叠加存储在一起，但是可以通过指定位置信息的值获得相应的颜色值，不会产生混乱。

4.3　本章小结

本章对 NEQR 表示方法进行了两次改进,使得其能够表示的图像尺寸从 $2^n \times 2^n$ 扩展为 $2^{n_1} \times 2^{n_2}$,进而扩展为任意尺寸 $H \times W$,改进后的表示方法称为 GQIR。后面各章节给出的量子图像处理算法,均是基于 GQIR 表示方法进行的。

第5章

量子图像置乱

图像置乱指的是通过改变图像像素的坐标,使图像变为不可读的形式。

2014年,我们提出了3种量子图像置乱算法,分别用量子线路实现了图像的 Arnold 置乱[46~47]、Fibonacci 置乱[46~47]、Hilbert 置乱[48],以及它们的逆变换,这3种置乱均是图像处理中常用的置乱方法。

5.1 量子 Arnold/Fibonacci 置乱

5.1.1 经典 Arnold/Fibonacci 置乱原理

Arnold 置乱,或称为猫脸变换,建立在 Arnold 的遍历理论研究基础之上[68]。1992年,Dyson 等人[69]将其应用在图像置乱中。

假设 $I(x,y)$ 代表原始图像,(x,y) 是像素的位置坐标,$x,y=0,1,\cdots,N$,图像大小为 $N\times N$,一个二维的 Arnold 置乱可以表示如下:

$$\begin{Bmatrix} x_{\mathrm{A}} \\ y_{\mathrm{A}} \end{Bmatrix} = \begin{Bmatrix} 1 & 1 \\ 1 & 2 \end{Bmatrix} \begin{Bmatrix} x \\ y \end{Bmatrix} (\bmod N) \tag{5-1}$$

即

$$x_A = (x + y) \bmod N$$
$$y_A = (x + 2y) \bmod N \tag{5-2}$$

其中(x_A, y_A)是 Arnold 置乱后图像的坐标信息，$\begin{bmatrix} 1 & 1 \\ 1 & 2 \end{bmatrix}$ 称为置乱矩阵。Arnold

置乱的逆变换可以写为

$$\begin{bmatrix} x \\ y \end{bmatrix} = \begin{bmatrix} 1 & 1 \\ 1 & 2 \end{bmatrix}^{-1} \begin{bmatrix} x_A \\ y_A \end{bmatrix} (\bmod N) = \begin{bmatrix} 2 & -1 \\ -1 & 1 \end{bmatrix} \begin{bmatrix} x_A \\ y_A \end{bmatrix} (\bmod N) \tag{5-3}$$

即

$$x = (2x_A - y_A) \bmod N$$
$$y = (-x_A + y_A) \bmod N \tag{5-4}$$

从式(5-1)可以看出，Arnold 置乱可以分为两个步骤：第一步是用置乱矩阵与原始坐标相乘；第二步是对图像尺寸取模。图 5-1 给出 Arnold 置乱的一个简单例子。假设一个图像有 9 个像素，分别用 1～9 对这 9 个像素编号，且 $N=3$，$x, y = 0, 1, 2$，如图 5-1(a)所示。经过置乱矩阵的处理，图像发生仿射变换，如图 5-1(b)所示。为了解决变形后的图像不是矩形且图像坐标超出 $N \times N$ 范围的问题，对图像坐标进行取模运算，最终图像恢复为一个 $N \times N$ 图像，但是像素的位置发生了变化，如图 5-1(c)所示。

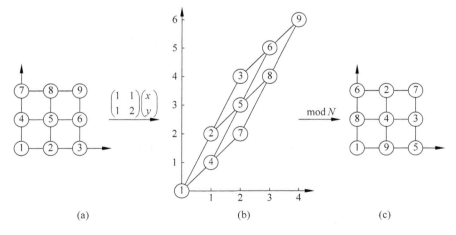

图 5-1　Arnold 变换的简单示例

Fibonacci 变换和 Arnold 变换很相似，一个二维的 Fibonacci 置乱可以表示如下：

$$\begin{bmatrix} x_F \\ y_F \end{bmatrix} = \begin{bmatrix} 1 & 1 \\ 1 & 0 \end{bmatrix} \begin{bmatrix} x \\ y \end{bmatrix} (\mathrm{mod} \ N) \tag{5-5}$$

即

$$x_F = (x + y) \mathrm{mod} \ N$$

$$y_F = x \tag{5-6}$$

其中,(x_F, y_F) 是 Fibonacci 置乱后图像的像素坐标信息。Fibonacci 的逆转换操作可以写为

$$\begin{bmatrix} x \\ y \end{bmatrix} = \begin{bmatrix} 1 & 1 \\ 1 & 0 \end{bmatrix}^{-1} \begin{bmatrix} x_F \\ y_F \end{bmatrix} (\mathrm{mod} \ N) = \begin{bmatrix} 0 & 1 \\ 1 & -1 \end{bmatrix} \begin{bmatrix} x_F \\ y_F \end{bmatrix} (\mathrm{mod} \ N) \tag{5-7}$$

即

$$x = y_F$$

$$y = (x_F - y_F) \mathrm{mod} \ N \tag{5-8}$$

上述的两种变换均指变换 1 次,可以对 1 次变换的结果再进行 1 次变换,此时称为变换 2 次,以此类推,可以变换任意次数。但是,这两种变换均具有周期性,即当变换次数达到某个数值时,原始图像得以重现。在文献[69]中,Dyson 研究了它们的周期性。目前,它的周期性是不能精确计算的,Dyson 给出了它的上界和下界,并针对某些特定的情况给出了确定的值,如表 5-1 所示,可以看出置乱周期的值和图像尺寸 N 有一定的联系。

表 5-1   Arnold 和 Fibonacci 变换的周期

图像尺寸 N	4	8	16	32	64	128	256	512
Arnold 变换	3	6	12	24	48	96	192	384
Fibonacci 变换	6	12	24	48	96	192	384	768

图 5-2 给出 Arnold 和 Fibonacci 置乱的结果和周期,原始图像为 128×128 大小的 Lena 图,图 5-2(a)～图 5-2(d)为 Arnold 变换,图 5-2(e)～图 5-2(h)为 Fibonacci 变换。图像下标记为置乱次数。

类似于 Arnold 变换和 Fibonacci 变换这样的变换均属于仿射变换,仿射变换可以表示为

$$\begin{bmatrix} x' \\ y' \end{bmatrix} = \begin{bmatrix} a & b \\ c & d \end{bmatrix} \begin{bmatrix} x \\ y \end{bmatrix} (\mathrm{mod} \ N)$$

本章中,我们只研究 Arnold 和 Fibonacci 这两个仿射变换。

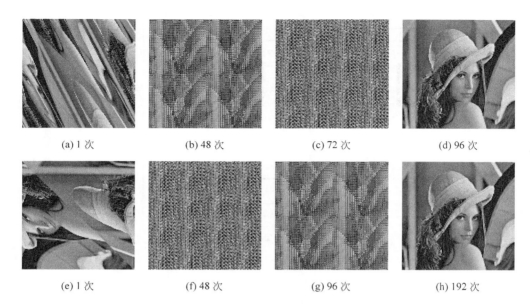

图 5-2 Arnold 和 Fibonacci 置乱的结果和周期((a)～(d)为 Arnold 变换,(e)～(h)为 Fibonacci 变换)

5.1.2 量子加法器

从式(5-2)和式(5-6)可知,Arnold 和 Fibonacci 图像置乱都用到模 N 加法。因此量子模 N 加法器的实现是在量子计算机中实现这两种置乱变换的基础。在文献[70]中,Vlatko 等人已经给出了量子模 N 加法器的实现方法。

为了给出量子模 N 加法器,首先介绍量子加法器。量子加法器是一个量子计算线路,它可以计算存储在两个量子寄存器中的值的和。假设这两个量子寄存器分别为 $|a\rangle$ 和 $|b\rangle$,则量子加法器实现的功能为

$$| a,b\rangle \rightarrow | a,a+b\rangle$$

即 a 和 b 是两个加数,计算出的和存储在原来 b 的位置。

具体实现时,$|a\rangle$ 和 $|b\rangle$ 分别表示为

$$| a\rangle = | a_{n-1}a_{n-2}\cdots a_0\rangle, \quad | b\rangle = | b_{n-1}b_{n-2}\cdots b_0\rangle, \quad a_i,b_i \in \{0,1\}$$

即各用 n 个 qubit 表示,计算过程中用到 $n+1$ 个辅助 qubit:$| c_{n-1}c_{n-2}\cdots c_0\rangle$ 和 $|b_n\rangle$,初态均为 $|0\rangle$,其中 $|b_n\rangle$ 用来存储进位。量子加法器(ADDER)如图 5-3 所示。其中的 SUM 和 CARRY 分别是加法器中的两个模块,如图 5-4 所示。

无论是 SUM 和 CARRY,还是 ADDER,表示模块的矩形中都有一个黑色的竖条,它表明模块中逻辑门的排列顺序。竖条在左侧的模块与竖条在右侧的模块

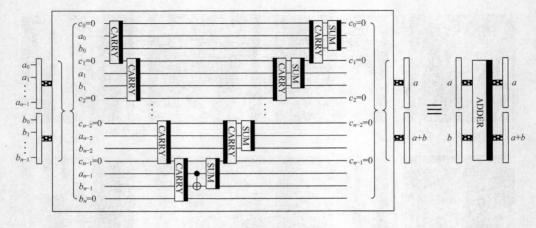

图 5-3　量子加法器

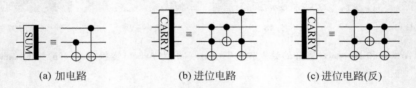

(a) 加电路　　　(b) 进位电路　　　(c) 进位电路(反)

图 5-4　量子加法器中的模块

中逻辑门的排列顺序是相反的(如图 5-4(b)和图 5-4(c)的对比)。由于量子线路的幺正性,逻辑门排列顺序相反意味着功能正好相反。例如代表量子加法器的 ADDER 模块,如果其中的黑色竖条画在左侧,则其功能变为与加法相反的功能,即变为减法器,如图 5-5 所示。当 $b \geqslant a$ 时,量子减法器可以描述为

$$|a,b\rangle \rightarrow |a,b-a\rangle$$

当 $b < a$ 时,量子减法器可以描述为

$$|a,b\rangle \rightarrow |a,2^n+(a-b)\rangle$$

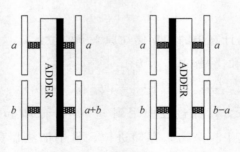

图 5-5　量子加法器和量子减法器

5.1.3 量子模 N 加法器

量子模 N 加法器可以对两个数的和进行模运算:

$$\mid a,b\rangle \rightarrow \mid a,(a+b)\bmod N\rangle$$

文献[70]中,Vlatko 提出的量子模 N 加法器是基于量子加法器实现的,原理是当 $a+b$ 的结果大于 N 时,从 $a+b$ 中减去 N。图 5-6 给出了模 N 加法器的量子线路,用 ADDER-MOD 表示。

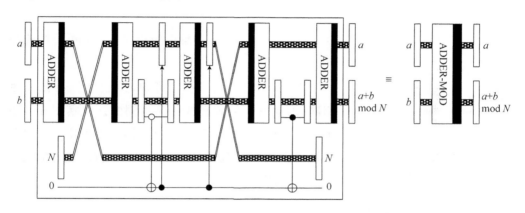

图 5-6 量子模 N 加法器

5.1.4 量子 Arnold/Fibonacci 置乱的 GQIR 表示

假设图像采用 GQIR 表示方法,因为图像置乱只对位置信息进行操作,所以仅需要改变 GQIR 表示方法中的坐标信息 $\mid YX\rangle$。我们定义 A 表示 Arnold 图像置乱操作,F 表示 Fibonacci 图像置乱操作,I 表示原始的量子图像,置乱后的量子图像分别用 I_A 和 I_F 表示,图像大小为 $2^n \times 2^n$,则

$$\mid I_A\rangle = A\mid I\rangle = \frac{1}{\sqrt{2}^{2n}}\left(\sum_{Y=0}^{2^n-1}\sum_{X=0}^{2^n-1}\bigotimes_{i=0}^{q-1}\mid C_{YX}^i\rangle A\mid YX\rangle\right)$$

$$\mid I_F\rangle = F\mid I\rangle = \frac{1}{\sqrt{2}^{2n}}\left(\sum_{Y=0}^{2^n-1}\sum_{X=0}^{2^n-1}\bigotimes_{i=0}^{q-1}\mid C_{YX}^i\rangle F\mid YX\rangle\right)$$

其中

$$A\mid YX\rangle = A\mid Y\rangle A\mid X\rangle, \quad F\mid YX\rangle = F\mid Y\rangle F\mid X\rangle$$

且根据式(5-2)和式(5-6)有

$$|x_A\rangle = A|X\rangle = |x+y\rangle \bmod 2^n \qquad (5\text{-}9)$$

$$|y_A\rangle = A|Y\rangle = |x+2y\rangle \bmod 2^n \qquad (5\text{-}10)$$

$$|x_F\rangle = F|X\rangle = |x+y\rangle \bmod 2^n \qquad (5\text{-}11)$$

$$|y_F\rangle = F|Y\rangle = |x\rangle \qquad (5\text{-}12)$$

式(5-9)～式(5-12)分别给出了 Arnold 和 Fibonacci 图像置乱的量子表示方式,下面将根据这 4 个公式来构造我们的线路。

5.1.5　量子 Arnold/Fibonacci 置乱的线路构建

5.1.4 节已经分别给出 $|x_A\rangle$、$|y_A\rangle$、$|x_F\rangle$ 和 $|y_F\rangle$ 操作的定义,现在开始构建量子线路实现这些操作。

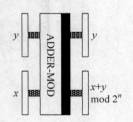

图 5-7　$|x_A\rangle$ 和 $|x_F\rangle$ 的置乱线路

由式(5-9)和式(5-11)可知,$|x_A\rangle$ 和 $|x_F\rangle$ 的实现相同,因此它们的置乱线路是相同的。观察图 5-6 所示的量子模 N 加法器,我们只需要分别用 y、x、2^n 替代量子模 N 加法器中的 a、b、N 即可实现 $|x_A\rangle$ 和 $|x_F\rangle$,如图 5-7 所示。

$$|y,x\rangle \rightarrow |y,(x+y)\bmod 2^n\rangle$$

对于 $|y_A\rangle$,根据式(5-10),因为有

$$(x+2y)\bmod 2^n = (y+(y+x))\bmod 2^n$$

所以将 $|y_A\rangle$ 的实现步骤分为两步

$$|y,x\rangle \rightarrow |y,y+x\rangle \rightarrow |y,(y+(y+x))\bmod 2^n\rangle$$

第一步使用量子加法器实现,第二步使用模 N 量子加法器实现。分步组合实现 $|y_A\rangle$ 的步骤如图 5-8 所示。整个线路的输出结果为 $(y+(y+x))\bmod 2^n$,即 $(x+2y)\bmod 2^n$,也就是 Arnold 图像置乱 $|y_A\rangle$ 的位置坐标信息。

对于 $|y_F\rangle$,因为 $|y_F\rangle = |x\rangle$,因此它不需要线路来实现,可以直接得到其值。

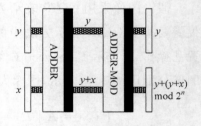

图 5-8　$|y_A\rangle$ 的置乱线路

5.1.6　量子 Arnold/Fibonacci 逆置乱

根据式(5-4)和式(5-8)所示的 Arnold 和 Fibonacci 逆置乱原理,有

$$| x \rangle = | 2x_A - y_A \rangle \mathrm{mod}\ 2^n \tag{5-13}$$

$$| y \rangle = | -x_A + y_A \rangle \mathrm{mod}\ 2^n \tag{5-14}$$

$$| x \rangle = | y_F \rangle \tag{5-15}$$

$$| y \rangle = | x_F - y_F \rangle \mathrm{mod}\ 2^n \tag{5-16}$$

对于 Arnold 逆置乱中的 $|x\rangle$，分为 3 个步骤实现：

$$| x_A, x_A \rangle \rightarrow | x_A, 2x_A \rangle \rightarrow | y_A, 2x_A \rangle \rightarrow | y_A, (2x_A - y_A) \mathrm{mod}\ 2^n \rangle$$

第 1 步使用量子加法器计算得到 $2x_A$；第 2 步用 y_A 代替 x_A；第 3 步使用量子模 N 减法器得到 $(2x_A - y_A) \mathrm{mod}\ 2^n$。

对于 Arnold 逆置乱中的 $|y\rangle$，

$$| x_A, y_A \rangle \rightarrow | x_A, (y_A - x_A) \mathrm{mod}\ 2^n \rangle$$

它对应于一个量子模 N 减法器。

对于 Fibonacci 逆置乱中的 $|x\rangle$，无须进行任何操作，$|y_F\rangle$ 即是 $|x\rangle$。

对于 Fibonacci 逆置乱中的 $|y\rangle$，

$$| y_F, x_F \rangle \rightarrow | y_F, (x_F - y_F) \mathrm{mod}\ 2^n \rangle$$

它对应于一个量子模 N 减法器。

Arnold 和 Fibonacci 置乱的逆转线路如图 5-9 所示。

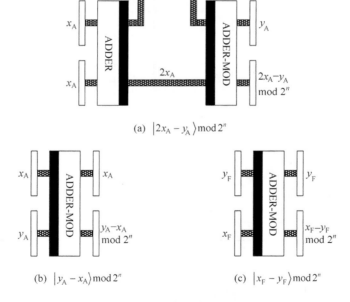

(a) $\left| 2x_A - y_A \right\rangle \mathrm{mod}\ 2^n$

(b) $\left| y_A - x_A \right\rangle \mathrm{mod}\ 2^n$

(c) $\left| x_F - y_F \right\rangle \mathrm{mod}\ 2^n$

图 5-9 逆置乱线路

5.1.7 量子 Arnold/Fibonacci 置乱的例子

图 5-10(a)给出了一个简单的 4×4 图像作为例子，该图像共 16 个像素，分别用 A～P 表示。两种量子置乱线路的真值表如表 5-2 所示。根据真值表的结果，Arnold 和 Fibonacci 置乱的结果分别如图 5-10(b)和图 5-10(c)所示。

	00	01	10	11
00	A	B	C	D
01	E	F	G	H
10	I	J	K	L
11	M	N	O	P

(a) 原始图像

	00	01	10	11
00	A	O	I	G
01	H	B	P	J
10	K	E	C	M
11	N	L	F	D

(b) Arnold置乱图像

	00	01	10	11
00	A	E	I	M
01	N	B	F	J
10	K	O	C	G
11	H	L	P	D

(c) Fibonacci置乱图像

图 5-10 Arnold/Fibonacci 图像置乱的例子

表 5-2 位置信息的真值表

像素	原始图像				Arnold 置乱图像				Fibonacci 置乱图像			
	y_0	y_1	x_0	x_1	$y_{A,0}$	$y_{A,1}$	$x_{A,0}$	$x_{A,1}$	$y_{F,0}$	$y_{F,1}$	$x_{F,0}$	$x_{F,1}$
A	0	0	0	0	0	0	0	0	0	0	0	0
B	0	0	0	1	0	1	0	1	0	1	0	1
C	0	0	1	0	1	0	1	0	1	0	1	0
D	0	0	1	1	1	1	1	1	1	1	1	1
E	0	1	0	0	1	0	0	1	0	0	0	1
F	0	1	0	1	1	1	1	0	0	1	1	0
G	0	1	1	0	0	0	1	1	1	0	1	1
H	0	1	1	1	0	1	0	0	1	1	0	0
I	1	0	0	0	0	0	1	0	0	0	1	0
J	1	0	0	1	0	1	1	1	0	1	1	1
K	1	0	1	0	1	0	0	0	1	0	0	0
L	1	0	1	1	1	1	0	1	1	1	0	1
M	1	1	0	0	1	0	1	1	0	0	1	1
N	1	1	0	1	1	1	0	0	0	1	0	0
O	1	1	1	0	0	0	0	1	1	0	0	1
P	1	1	1	1	0	1	1	0	1	1	1	0

5.1.8 置乱线路复杂度分析

线路的复杂度很大程度上依赖于选择的最基本的逻辑门元素，本节中我们选择控制非门和非门作为基本逻辑单元。

第 2.3.4 节中曾经提到,一个 Toffoli 门等价于 6 个 CNOT 门,因此图 5-4(a) 和图 5-4(b)所示的 SUM 模块和 CARRY 模块的复杂度分别是 2 和 13。量子加法器中共用到 n 个 SUM 模块、$2n-1$ 个 CARRY 模块和 1 个 CNOT 门,因此,量子加法器的复杂度为

$$2n + 13(2n-1) + 1 = 28n - 12$$

约为 $28n$。可见量子加法器复杂度与它的两个加数的二进制位数 n 成线性关系。模 N 加法器包含 5 个加法器及一些逻辑门,因此它的复杂度大约为 $140n$,也是线性关系。

因此,根据图 5-7～图 5-9,Arnold 和 Fibonacci 量子置乱的网络复杂度为 $O(n)$。而在经典计算机上,因为无论哪种置乱,都需要一个像素一个像素地挪动像素的位置,因此复杂度为 $O(2^n \times 2^n) = O(2^{2n})$。可见,在逻辑复杂度方面,量子算法优于经典算法。

5.2 量子 Arnold 置乱的改进

虽然量子 Arnold 置乱算法的复杂度已经低于经典算法的复杂度,但是量子算法本身还可以进一步优化。文献[47]对此进行了研究。

5.2.1 对已有方案的分析

1. 模 2^n 的实现

在第 5.1 节所述的已有方案中,用量子模 N 加法器实现模 2^n。该加法器复杂度虽然为线性,但达到 $140n$,仍然是一个较大的数。例如当 $n=11$ 时(此时图像尺寸为 2048×2048,接近常用数码拍照设备拍摄的图片尺寸),量子模 N 加法器复杂度为 1540。

注意到量子模 N 加法器能够对任意的 N 取模,而式(5-9)～式(5-12)所描述的 Arnold 和 Fibonacci 图像置乱的量子表示方式中仅需要对 2^n 取模。应该利用 2^n 的特殊性降低模 2^n 的复杂度。

2. 如何处理乘以 2 操作

式(5-10)和式(5-13)所描述的变换过程都涉及乘以 2 操作,已有置乱方案中将乘以 2 处理为一次相加操作,用量子加法器实现,因此实现线路中用到两个加法器(如图 5-8 和图 5-9(a)所示)。

然而,注意到置乱过程中所有的位置信息均以二进制形式表示,二进制数乘以 2 有更简便的实现方法。

3. 减法的实现

已有置乱方案中的所有模块的表示方法中均有一个黑色的竖条,它表明模块中逻辑门的排列顺序。竖条在左侧的模块与竖条在右侧的模块中逻辑门的排列顺序是相反的,实现的功能也正好相反。因此已有方案通过将加法器中的逻辑门以相反的顺序排列来实现减法操作。当减法器的输入为(a,b)时,输出有以下两种情况:

- 当$b \geqslant a$ 时,输出为$(a, b-a)$;
- 当$b < a$ 时,输出为$(a, 2^n - (a-b))$。

同样利用二进制运算的特殊性,能够简化减法操作。

4. ADDER 模块和 ADDER-MOD 模块的连接

已有置乱方案中,图 5-8 和图 5-9(a)用到 ADDER 模块和 ADDER-MOD 模块的连接,即 ADDER 模块的输出是 ADDER-MOD 模块的一个输入。这样直接连接其实是不合适的,因为 ADDER 模块的输出是一个 $n+1$bit 的数,而 ADDER-MOD 模块的两个输入都是 $n$bit 的。这个问题可以与第 2 个和第 3 个问题一起解决。

5.2.2 二进制运算的特殊性

为了改进量子 Arnold 置乱算法,首先给出 3 个定理和 1 个推论,其中均假设 a 和 b 是两个 $n$bit 的二进制数,$a = a_{n-1}a_{n-2}\cdots a_0$,$b = b_{n-1}b_{n-2}\cdots b_0$,$a_i, b_i \in \{0,1\}$。

【定理 5-1】 如果 $a+b=c$,c 是一个 $n+1$bit 的二进制数,$c = c_n c_{n-1} c_{n-2} \cdots c_0$,$c_i \in \{0,1\}$,则 $(a+b) \bmod 2^n = c_{n-1}c_{n-2}\cdots c_0$。

证明:如果 $a+b < 2^n$,则进位 $c_n = 0$。有

$$(a+b) \bmod 2^n = a+b = 0c_{n-1}c_{n-2}\cdots c_0 = c_{n-1}c_{n-2}\cdots c_0$$

如果 $a+b \geqslant 2^n$，则进位 $c_n=1$。有

$$(a+b) \bmod 2^n = a+b-2^n = 1c_{n-1}c_{n-2}\cdots c_0 - 1\underbrace{00\cdots0}_{n} = c_{n-1}c_{n-2}\cdots c_0$$

定理得证。

定理 5-1 表明，在二进制加法运算中，模 2^n 可以通过忽略和的最高位的进位来实现。

【定理 5-2】 $2a=a_{n-1}a_{n-2}\cdots a_0 0$。

证明：$a=a_{n-1}a_{n-2}\cdots a_0$ 展开可以写为

$$a = 2^{n-1}a_{n-1} + 2^{n-2}a_{n-2} + \cdots + 2^1 a_1 + 2^0 a_0$$

因此

$$2a = 2^n a_{n-1} + 2^{n-1}a_{n-2} + \cdots + 2^2 a_1 + 2^1 a_0 + 2^0 0 = a_{n-1}a_{n-2}\cdots a_0 0$$

定理得证。

定理 5-2 表明二进制数乘以 2 相当于左移一位，空出来的最低比特位用 0 补齐。

【推论 5-1】 $(2a) \bmod 2^n = a_{n-2}a_{n-3}\cdots a_0 0$。

证明：由定理 5-1 和定理 5-2 可得。

【定理 5-3】 $(a-b) \bmod 2^n = (a+(\bar{b}+1)) \bmod 2^n$，其中 $\bar{b}=\overline{b_{n-1}b_{n-2}\cdots b_0}$，$\bar{b_i} = 1-b_i, i=n-1,n-2,\cdots,0$。

证明：

$$b+\bar{b} = 2^{n-1}b_{n-1} + 2^{n-2}b_{n-2} + \cdots + 2^0 b_0$$
$$+ 2^{n-1}(1-b_{n-1}) + 2^{n-2}(1-b_{n-2}) + \cdots + 2^0(1-b_0)$$
$$= 2^{n-1} + 2^{n-2} + \cdots + 2^0 = 2^n - 1$$

则

$$(a-b) \bmod 2^n = (a+(-b) \bmod 2^n) \bmod 2^n$$
$$= (a+(2^n-b)) \bmod 2^n = (a+(\bar{b}+1)) \bmod 2^n$$

定理得证。

实际上，$\bar{b}+1$ 是 $-b$ 的补码。定理 5-3 把减 b 转换为加 b 的补码。

5.2.3 量子 Arnold 置乱的改进

根据定理 5-1，定义量子模 2^n 加法器，通过简单地忽略量子加法器的进位即可实现，如图 5-11 所示，功能为

$$|a,b\rangle \rightarrow |a,(a+b) \bmod 2^n\rangle$$

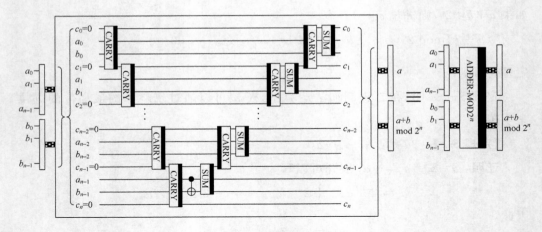

图 5-11 量子模 2^n 加法器

相比于 ADDER-MOD 加法器 5 倍于 ADDER 加法器的复杂度, ADDER-MOD2^n 加法器的复杂度仅是 ADDER 加法器的 1 倍, 即约为 $28n$。

需要注意的是, 忽略量子加法器的进位并不影响 ADDER-MOD2^n 加法器的幺正性。这是因为我们只是不关心进位的值, 并没有将该进位销毁, 物理上它还是实际存在的。

定理 5-3 中, $\overline{b_i}$ 可以用 NOT 门实现。

基于之前的三个定理和一个推论, Arnold 置乱及其逆置乱可以重新写为

$$| x_A \rangle = | x_0 x_1 \cdots x_{n-1} + y_0 y_1 \cdots y_{n-1} \rangle \bmod 2^n \qquad (5\text{-}17)$$

$$| y_A \rangle = | x_0 x_1 \cdots x_{n-1} + y_1 y_2 \cdots y_{n-1} 0 \rangle \bmod 2^n \qquad (5\text{-}18)$$

$$| x \rangle = | x_{A,1} x_{A,2} \cdots x_{A,n-1} 0 + \overline{y_{A,0}} \; \overline{y_{A,1}} \cdots \overline{y_{A,n-1}} + 1 \rangle \bmod 2^n \qquad (5\text{-}19)$$

$$| y \rangle = | \overline{x_{A,0}} \; \overline{x_{A,1}} \cdots \overline{x_{A,n-1}} + 1 + y_{A,0} y_{A,1} \cdots y_{A,n-1} \rangle \bmod 2^n \qquad (5\text{-}20)$$

因此, 改进之后的 Arnold 置乱及其逆置乱线路如图 5-12 和图 5-13 所示。

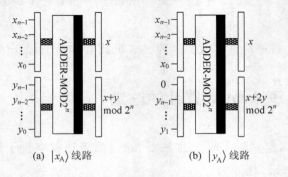

(a) $|x_A\rangle$ 线路　　　　　　　(b) $|y_A\rangle$ 线路

图 5-12 改进后的 Arnold 置乱线路

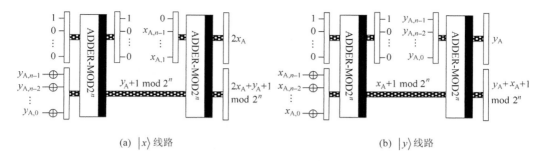

(a) $|x\rangle$ 线路　　　　　　　　　(b) $|y\rangle$ 线路

图 5-13　改进后的 Arnold 逆置乱线路

5.2.4　改进后算法的网络复杂度

改进之前，Arnold 置乱中，根据图 5-7、图 5-8、图 5-9(a) 和图 5-9(b)，$|x_\mathrm{A}\rangle$、$|y_\mathrm{A}\rangle$、$|x\rangle$、$|y\rangle$ 的复杂度分别是 $140n$、$168n$、$168n$、$140n$。在改进之后的方案中，由于 ADDER-MOD2^n 加法器的复杂度仅为 $28n$，因此根据图 5-12 和图 5-13，$|x_\mathrm{A}\rangle$、$|y_\mathrm{A}\rangle$、$|x\rangle$、$|y\rangle$ 的复杂度分别是 $28n$、$28n$、$56n$、$56n$。可以看到，改进之后网络复杂度有明显下降。

实际上，这种改进不仅对 Arnold 置乱是合适的，对 Fibonacci 置乱也同样有效。由于二者较为相似，对 Fibonacci 置乱的改进不再赘述。

5.3　量子 Hilbert 置乱

Hilbert 置乱是另一种常用的图像置乱方法。

5.3.1　经典 Hilbert 置乱原理

1890 年，意大利数学家 G. Peano 给出一族能够遍历空间中每个点的曲线[71]。之后，许多研究人员致力于这方面的研究。1891 年，Hilbert 发明了二维空间中的一种遍历曲线[72]，并被命名为 Hilbert 曲线[73]，Hilbert 曲线用 Hilbert 矩阵描述。沿着 Hilbert 曲线，图像可以被置乱，而且置乱效果较好。

对一个 $2^n \times 2^n$ 的初始矩阵 S_n，从上到下、从左到右用 $1 \sim 2^{2n}$ 对其中的元素进行编号，得到

$$S_n = \begin{pmatrix} 1 & 2 & \cdots & 2^n \\ 2^n+1 & 2^n+2 & \cdots & 2^{n+1} \\ \vdots & \vdots & \ddots & \vdots \\ 2^{2n-1}+1 & 2^{2n-1}+2 & \cdots & 2^{2n} \end{pmatrix}$$

如

$$S_0 = (1), \quad S_1 = \begin{pmatrix} 1 & 2 \\ 3 & 4 \end{pmatrix}, \quad S_2 = \begin{pmatrix} 1 & 2 & 3 & 4 \\ 5 & 6 & 7 & 8 \\ 9 & 10 & 11 & 12 \\ 13 & 14 & 15 & 16 \end{pmatrix}$$

则 Hilbert 矩阵 H_n 是初始矩阵 S_n 的一个排列

$$H_0 = (1), \quad H_1 = \begin{pmatrix} 1 & 2 \\ 4 & 3 \end{pmatrix}, \quad H_2 = \begin{pmatrix} 1 & 2 & 15 & 16 \\ 4 & 3 & 14 & 13 \\ 5 & 8 & 9 & 12 \\ 6 & 7 & 10 & 11 \end{pmatrix}, \quad \cdots$$

表明如何重新排列 S_n 中各个元素的位置。在 H_n 中，如果顺序连接元素 $1\sim2^{2n}$，能够发现出现一条曲线，如图 5-14 所示，称为 Hilbert 曲线。

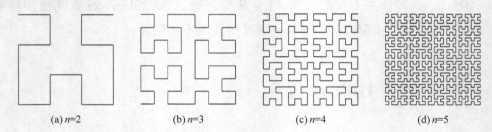

(a) $n=2$ (b) $n=3$ (c) $n=4$ (d) $n=5$

图 5-14　Hilbert 曲线

如果 S_n 表示一个 $2^n \times 2^n$ 图像，则沿着 Hilbert 曲线重新放置 S_n 中的各个像素，就能够将图像置乱。图 5-15 给出两个 Hilbert 置乱的例子。

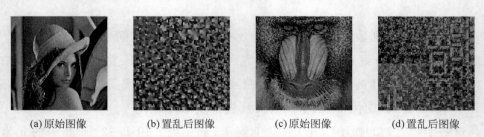

(a) 原始图像   (b) 置乱后图像   (c) 原始图像   (d) 置乱后图像

图 5-15　Hilbert 置乱的例子（其中图像尺寸均为 128×128，即 $n=7$）

Hilbert 矩阵的生成要通过迭代实现,在给出迭代公式之前,先定义 4 个矩阵操作。假设矩阵 A 为一 $m \times m$ 的方阵,即

$$A = \begin{pmatrix} a_{1,1} & a_{1,2} & \cdots & a_{1,m} \\ a_{2,1} & a_{2,2} & \cdots & a_{2,m} \\ \vdots & \vdots & \ddots & \vdots \\ a_{m,1} & a_{m,2} & \cdots & a_{m,m} \end{pmatrix}$$

则 A^{T}、A^{lr}、A^{ud}、A^{pp} 分别定义为

$$A^{\mathrm{T}} = \begin{pmatrix} a_{1,1} & a_{2,1} & \cdots & a_{m,1} \\ a_{1,2} & a_{2,2} & \cdots & a_{m,2} \\ \vdots & \vdots & \ddots & \vdots \\ a_{1,m} & a_{2,m} & \cdots & a_{m,m} \end{pmatrix}, \quad A^{\mathrm{lr}} = \begin{pmatrix} a_{1,m} & \cdots & a_{1,2} & a_{1,1} \\ a_{2,m} & \cdots & a_{2,2} & a_{2,1} \\ \vdots & \vdots & \ddots & \vdots \\ a_{m,m} & \cdots & a_{m,2} & a_{m,1} \end{pmatrix}$$

$$A^{\mathrm{ud}} = \begin{pmatrix} a_{m,1} & a_{m,2} & \cdots & a_{m,m} \\ \vdots & \vdots & \ddots & \vdots \\ a_{2,1} & a_{2,2} & \cdots & a_{2,m} \\ a_{1,1} & a_{1,2} & \cdots & a_{1,m} \end{pmatrix}, \quad A^{\mathrm{pp}} = \begin{pmatrix} a_{m,m} & \cdots & a_{m,2} & a_{m,1} \\ \vdots & \vdots & \ddots & \vdots \\ a_{2,m} & \cdots & a_{2,2} & a_{2,1} \\ a_{1,m} & \cdots & a_{1,2} & a_{1,1} \end{pmatrix}$$

即 A^{T} 是转置,A^{lr} 是列的左右翻转,A^{ud} 是行的上下翻转,A^{pp} 是绕中心旋转 $180°$。

Hilbert 矩阵的迭代公式为[74]

$$H_{n+1} = \begin{cases} \begin{bmatrix} H_n & 4^n E_n + H_n^{\mathrm{T}} \\ (4^{n+1}+1)E_n - H_n^{\mathrm{ud}} & (3 \times 4^n+1)E_n - (H_n^{\mathrm{lr}})^{\mathrm{T}} \end{bmatrix}, & n \text{ is even} \\[3ex] \begin{bmatrix} H_n & (4^{n+1}+1)E_n - H_n^{\mathrm{lr}} \\ 4^n E_n + H_n^{\mathrm{T}} & (3 \times 4^n+1)E_n - (H_n^{\mathrm{T}})^{\mathrm{lr}} \end{bmatrix}, & n \text{ is odd} \end{cases} \tag{5-21}$$

其中,初始值 $H_1 = \begin{bmatrix} 1 & 2 \\ 4 & 3 \end{bmatrix}$,$E_n = \begin{pmatrix} 1 & 1 & \cdots & 1 \\ 1 & 1 & \cdots & 1 \\ \vdots & \vdots & \ddots & \vdots \\ 1 & 1 & \cdots & 1 \end{pmatrix}$。

5.3.2 Hilbert 矩阵迭代公式的变形

直接用量子线路实现式(5-21)给出的 Hilbert 矩阵迭代公式,并不是一件容

易的事情,需要将其变换为另一种形式。变换过程用到矩阵运算的一些性质,由定理 5-4 给出。

【**定理 5-4**】 假设 A、B、C、D 是 4 个 $m \times m$ 矩阵,则

① $(A+B)^{pp} = A^{pp} + B^{pp}$;

② $(A+B)^{lr} = A^{lr} + B^{lr}$;

③ $(A+B)^{ud} = A^{ud} + B^{ud}$;

④ $\begin{pmatrix} A & B \\ C & D \end{pmatrix}^{lr} = \begin{pmatrix} B^{lr} & A^{lr} \\ D^{lr} & C^{lr} \end{pmatrix}$;

⑤ $\begin{pmatrix} A & B \\ C & D \end{pmatrix}^{ud} = \begin{pmatrix} C^{ud} & D^{ud} \\ A^{ud} & B^{ud} \end{pmatrix}$;

⑥ $\begin{pmatrix} A & B \\ C & D \end{pmatrix}^{pp} = \begin{pmatrix} D^{pp} & C^{pp} \\ B^{pp} & A^{pp} \end{pmatrix}$;

⑦ $(A^{T})^{ud} = (A^{lr})^{T}$;

⑧ $A^{ud} = [(A^{T})^{lr}]^{T}$;

⑨ $(A^{ud})^{pp} = (A^{pp})^{ud} = A^{lr}$,$(A^{lr})^{pp} = (A^{pp})^{lr} = A^{ud}$。

证明:省略。

基于矩阵运算的性质,给出如下两个引理。

【**引理 5-1**】 如果 n 是一个偶数,且 $n>0$,则 $H_n + H_n^{lr} = (4^n+1)E_n$。

证明:采用数学归纳法。

① 当 $n=2$ 时,$H_2 = \begin{pmatrix} 1 & 2 & 15 & 16 \\ 4 & 3 & 14 & 13 \\ 5 & 8 & 9 & 12 \\ 6 & 7 & 10 & 11 \end{pmatrix}$,显然 $H_2 + H_2^{lr} = (4^2+1)E_2$。

② 假设当 $n=k$ 时,$H_k + H_k^{lr} = (4^k+1)E_k$,$k$ 是一个偶数,根据式(5-21),有

$$H_{k+1} = \begin{pmatrix} H_k & 4^k E_k + H_k^{T} \\ (4^{k+1}+1)E_k - H_k^{ud} & (3 \times 4^k + 1)E_k - (H_k^{lr})^{T} \end{pmatrix}$$

$$H_{k+2} = \begin{pmatrix} H_{k+1} & (4^{k+2}+1)E_{k+1} - H_{k+1}^{lr} \\ 4^{k+1} E_{k+1} + H_{k+1}^{T} & (3 \times 4^{k+1} + 1)E_{k+1} - (H_{k+1}^{T})^{lr} \end{pmatrix}$$

将 H_{k+1} 代入 H_{k+2},并且根据定理 5-4,有

$$H_{k+2} = \begin{bmatrix}
H_k & 4^k E_k + H_k^{\mathrm T} & (15\times4^k+1)E_k-(H_k^{\mathrm T})^{\mathrm{lr}} & (16\times4^k+1)E_k - H_k^{\mathrm{lr}} \\
(4^{k+1}+1)E_k - H_k^{\mathrm{ud}} & (3\times4^k+1)E_k-(H_k^{\mathrm{lr}})^{\mathrm T} & 13\times4^k E_k - [(H_k^{\mathrm{lr}})^{\mathrm T}]^{\mathrm{lr}} & 12\times4^k E_k + (H_k^{\mathrm{ud}})^{\mathrm{lr}} \\
(11\times4^k+1)E_k - H_k & (8\times4^k+1)E_k-(H_k^{\mathrm{ud}})^{\mathrm T} & 8\times4^k E_k - [(H_k^{\mathrm{ud}})^{\mathrm T}]^{\mathrm{lr}} & (12\times4^k+1)E_k-(H_k^{\mathrm T})^{\mathrm{lr}} \\
5\times4^k E_k + H_k^{\mathrm{lr}} & 9\times4^k E_k + H_k^{\mathrm{lr}} & (7\times4^k+1)E_k - H_k & 5\times4^k E_k + H_k^{\mathrm{lr}}
\end{bmatrix}$$

$$H_{k+2}^{\mathrm{lr}} = \begin{bmatrix}
(16\times4^k+1)E_k - H_k^{\mathrm{ud}} & (15\times4^k+1)E_k - H_k^{\mathrm T} & 4^k E_k + (H_k^{\mathrm T})^{\mathrm{lr}} & H_k^{\mathrm{lr}} \\
12\times4^k E_k + H_k^{\mathrm{ud}} & 13\times4^k E_k - (H_k^{\mathrm{lr}})^{\mathrm T} & (3\times4^k+1)E_k - [(H_k^{\mathrm{lr}})^{\mathrm T}]^{\mathrm{lr}} & (4^{k+1}+1)E_k-(H_k^{\mathrm{ud}})^{\mathrm{lr}} \\
(12\times4^k+1)E_k - H_k^{\mathrm T} & 8\times4^k E_k - (H_k^{\mathrm{ud}})^{\mathrm T} & (8\times4^k+1)E_k - [(H_k^{\mathrm{ud}})^{\mathrm T}]^{\mathrm{lr}} & 4^{k+1}E_k-(H_k^{\mathrm T})^{\mathrm{lr}} \\
5\times4^k E_k + H_k & (7\times4^k+1)E_k - H_k^{\mathrm{lr}} & 9\times4^k E_k + H_k & (11\times4^k+1)E_k - H_k^{\mathrm{lr}}
\end{bmatrix}$$

显然，$H_{k+2} + H_{k+2}^{\mathrm{lr}} = (4^{k+2}+1)E_{k+2}$。

③ 由以上两点，引理 5-1 得证。

【引理 5-2】 如果 n 是一个奇数，且 $n>0$，则 $H_n + H_n^{\mathrm{ud}} = (4^n+1)E_n$。

证明：采用数学归纳法。

① 当 $n=1$ 时，$H_1 = \begin{bmatrix} 1 & 2 \\ 4 & 3 \end{bmatrix}$，显然 $H_1 + H_1^{\mathrm{ud}} = (4^1+1)E_1$。

② 假设当 $n=k$ 时，$H_k + H_k^{\mathrm{ud}} = (4^k+1)E_k$，$k$ 是一个奇数，根据式(5-21)，有

$$H_{k+1}=\begin{bmatrix} H_k & (4^{k+1}+1)E_k+H_k^{lr} \\ 4^kE_k-H_k^T & (3\times4^k+1)E_k-(H_k^T)^{lr} \end{bmatrix}$$

$$H_{k+2}=\begin{bmatrix} H_{k+1} & 4^{k+1}E_{k+1}+H_{k+1}^T \\ (4^{k+2}+1)E_{k+1}-H_{k+1}^{ud} & (3\times4^{k+1}+1)E_{k+1}-(H_{k+1})^T \end{bmatrix}$$

将 H_{k+1} 代入 H_{k+2}，并且根据定理 5-4，有

$$H_{k+2}=\begin{bmatrix}
H_k & (4^{k+1}+1)E_k+H_k^{lr} & 4^{k+1}E_k+H_k^T & 5\times4^kE_k+H_k \\
4^kE_k+H_k^T & (3\times4^k+1)E_k-(H_k^T)^{lr} & (8\times4^k+1)E_k-(H_k^T)^T & (7\times4^k+1)E_k-[(H_k^T)^{lr}]^T \\
(15\times4^k+1)E_k-(H_k^T)^{ud} & 12\times4^kE_k-(H_k^{lr})^{ud} & (12\times4^k+1)E_k-(H_k^{lr})^T & 9\times4^kE_k+H_k \\
(16\times4^k+1)E_k-H_k^{ud} & 13\times4^kE_k+[(H_k^T)^{lr}]^{ud} & (12\times4^k+1)E_k-(H_k^{lr})^T & (11\times4^k+1)E_k-[(H_k^{lr})^T]^T
\end{bmatrix}$$

$$H_{k+2}^{ud}=\begin{bmatrix}
(16\times4^k+1)E_k-H_k & 12\times4^kE_k-H_k^{lr} & 8\times4^kE_k+(H_k^T)^{ud} & (11\times4^k+1)E_k-[[(H_k^T)^{lr}]^T]^{ud} \\
(15\times4^k+1)E_k-H_k^T & 13\times4^kE_k+(H_k^T)^{lr} & (8\times4^k+1)E_k-H_k^T & 9\times4^kE_k+H_k^{ud} \\
4^kE_k+(H_k^T)^{ud} & (3\times4^k+1)E_k-[(H_k^T)^{lr}]^{ud} & (8\times4^k+1)E_k-H_k^T & (7\times4^k+1)E_k-[[(H_k^T)^{lr}]^T]^{ud} \\
H_k^{ud} & (4^{k+1}+1)E_k+(H_k^{lr})^{ud} & 4^{k+1}E_k+(H_k^T)^{ud} & 5\times4^kE_k+H_k^{ud}
\end{bmatrix}$$

显然，$H_{k+2}+H_{k+2}^{ud}=(4^{k+2}+1)E_{k+2}$。

③ 由以上两点，引理 5-2 得证。

【**定理 5-5**】　Hilbert 矩阵迭代公式为

$$
H_{n+1} = \begin{cases}
\begin{bmatrix} H_n & (H_n+4^nE_n)^{\mathrm{T}} \\ (H_n+3\times4^nE_n)^{\mathrm{pp}} & (H_n+2\times4^nE_n)^{\mathrm{T}} \end{bmatrix}, n \text{ is even} \\[20pt]
\begin{bmatrix} H_n & (H_n+3\times4^nE_n)^{\mathrm{pp}} \\ (H_n+4^nE_n)^{\mathrm{T}} & (H_n+2\times4^nE_n)^{\mathrm{T}} \end{bmatrix}, n \text{ is odd}
\end{cases}
\tag{5-22}
$$

其中,初始值 $H_1 = \begin{bmatrix} 1 & 2 \\ 4 & 3 \end{bmatrix}$, $E_n = \begin{bmatrix} 1 & 1 & \cdots & 1 \\ 1 & 1 & \cdots & 1 \\ \vdots & \vdots & \ddots & \vdots \\ 1 & 1 & \cdots & 1 \end{bmatrix}$。

证明：要证明该定理成立,只需证明式(5-22)和式(5-21)是等价的。注意到这两个公式中,无论 n 是奇数还是偶数,H_{n+1} 均被分为 4 个子矩阵,只要能够证明 4 个子矩阵对应相等,则式(5-22)式(5-21)就是等价的。

① 当 n 是偶数时,需要证明

(a) $H_n = H_n$;

(b) $4^nE_n + H_n^{\mathrm{T}} = (H_n+4^nE_n)^{\mathrm{T}}$;

(c) $(4^{n+1}+1)E_n - H_n^{\mathrm{ud}} = (H_n+3\times4^nE_n)^{\mathrm{pp}}$;

(d) $(3\times4^n+1)E_n - (H_n^{\mathrm{lr}})^{\mathrm{T}} = (H_n+2\times4^nE_n)^{\mathrm{T}}$。

对于(a)和(b),显然成立。

对于(c),根据引理 5-1 和定理 5-4,有

$$H_n + H_n^{\mathrm{lr}} = (4^n+1)E_n$$
$$\Rightarrow (H_n+H_n^{\mathrm{lr}})^{\mathrm{pp}} = H_n^{\mathrm{pp}}+H_n^{\mathrm{ud}} = ((4^n+1)E_n)^{\mathrm{pp}} = (4^n+1)E_n$$
$$\Rightarrow (4^n+1)E_n - H_n^{\mathrm{ud}} = H_n^{\mathrm{pp}}$$
$$\Rightarrow (4^n+1)E_n - H_n^{\mathrm{ud}} + 3\times4^nE_n = H_n^{\mathrm{pp}}+3\times4^nE_n$$
$$\Rightarrow (4^{n+1}+1)E_n - H_n^{\mathrm{ud}} = (H_n+3\times4^nE_n)^{\mathrm{pp}}$$

对于(d),根据引理 5-1 和定理 5-4,有

$$H_n + H_n^{\mathrm{lr}} = (4^n+1)E_n$$
$$\Rightarrow (H_n+H_n^{\mathrm{lr}})^{\mathrm{T}} = H_n^{\mathrm{T}}+(H_n^{\mathrm{lr}})^{\mathrm{T}} = ((4^n+1)E_n)^{\mathrm{T}} = (4^n+1)E_n$$
$$\Rightarrow (4^n+1)E_n - (H_n^{\mathrm{lr}})^{\mathrm{T}} = H_n^{\mathrm{T}}$$
$$\Rightarrow (4^n+1)E_n - (H_n^{\mathrm{lr}})^{\mathrm{T}} + 2\times4^nE_n = H_n^{\mathrm{T}}+2\times4^nE_n$$
$$\Rightarrow (3\times4^n+1)E_n - (H_n^{\mathrm{lr}})^{\mathrm{T}} = (H_n+2\times4^nE_n)^{\mathrm{T}}$$

因此,当 n 是偶数时,

$$H_{n+1} = \begin{bmatrix} H_n & (H_n + 4^n E_n)^{\mathrm{T}} \\ (H_n + 3 \times 4^n E_n)^{\mathrm{pp}} & (H_n + 2 \times 4^n E_n)^{\mathrm{T}} \end{bmatrix}$$

② 当 n 是奇数时,需要证明

(a) $H_n = H_n$;

(b) $(4^{n+1} + 1)E_n - H_n^{\mathrm{lr}} = (H_n + 3 \times 4^n E_n)^{\mathrm{pp}}$;

(c) $4^n E_n + H_n^{\mathrm{T}} = (H_n + 4^n E_n)^{\mathrm{T}}$;

(d) $(3 \times 4^n + 1)E_n - (H_n^{\mathrm{T}})^{\mathrm{lr}} = (H_n + 2 \times 4^n E_n)^{\mathrm{T}}$。

对于(a)和(c),显然成立。

对于(b),根据引理 5-2 和定理 5-4,有

$$H_n + H_n^{\mathrm{ud}} = (4^n + 1)E_n$$

$$\Rightarrow (H_n + H_n^{\mathrm{ud}})^{\mathrm{pp}} = H_n^{\mathrm{pp}} + H_n^{\mathrm{lr}} = ((4^n + 1)E_n)^{\mathrm{pp}} = (4^n + 1)E_n$$

$$\Rightarrow (4^n + 1)E_n - H_n^{\mathrm{lr}} = H_n^{\mathrm{pp}}$$

$$\Rightarrow (4^n + 1)E_n - H_n^{\mathrm{lr}} + 3 \times 4^n E_n = H_n^{\mathrm{pp}} + 3 \times 4^n E_n$$

$$\Rightarrow (4^{n+1} + 1)E_n - H_n^{\mathrm{lr}} = (H_n + 3 \times 4^n E_n)^{\mathrm{pp}}$$

对于(d),根据引理 5-2 和定理 5-4,有

$$H_n + H_n^{\mathrm{ud}} = (4^n + 1)E_n$$

$$\Rightarrow (H_n + H_n^{\mathrm{ud}})^{\mathrm{T}} = H_n^{\mathrm{T}} + (H_n^{\mathrm{T}})^{\mathrm{lr}} = ((4^n + 1)E_n)^{\mathrm{T}} = (4^n + 1)E_n$$

$$\Rightarrow (4^n + 1)E_n - (H_n^{\mathrm{T}})^{\mathrm{lr}} = H_n^{\mathrm{T}}$$

$$\Rightarrow (4^n + 1)E_n - (H_n^{\mathrm{T}})^{\mathrm{lr}} + 2 \times 4^n E_n = H_n^{\mathrm{T}} + 2 \times 4^n E_n$$

$$\Rightarrow (3 \times 4^n + 1)E_n - (H_n^{\mathrm{T}})^{\mathrm{lr}} = (H_n + 2 \times 4^n E_n)^{\mathrm{T}}$$

因此,当 n 是奇数时,

$$H_{n+1} = \begin{bmatrix} H_n & (H_n + 3 \times 4^n E_n)^{\mathrm{pp}} \\ (H_n + 4^n E_n)^{\mathrm{T}} & (H_n + 2 \times 4^n E_n)^{\mathrm{T}} \end{bmatrix}$$

根据以上两点,定理 5-5 得证。

后面量子图像置乱就是基于式(5-22)的。

5.3.3　量子 Hilbert 置乱

1. 算法流程

量子 Hilbert 置乱算法将一个 $2^n \times 2^n$ 的 GQIR 量子图像进行置乱。由式(5-22)

可知,Hilbert矩阵从初始值开始,n为奇数和n为偶数的情况交替迭代,直到n达到某一给定的数值。因此我们认为量子算法相应地包括3部分:初始化(Initialization)、奇数情况(Odd)、偶数情况(Even)。由于奇数情况和偶数情况交替迭代出现,因此量子Hilbert置乱流程可以表示为图5-16。

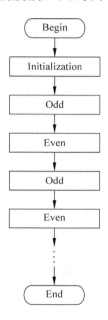

图 5-16 量子 Hilbert 置乱流程

不过,式(5-22)不能直接转换为量子Hilbert置乱算法,原因有以下两点:

(1) 式(5-22)的结果是Hilbert矩阵。从Hilbert矩阵到真正将一个图像置乱,中间还有一步——沿Hilbert矩阵所示的顺序重新排列图像中的所有像素。

(2) Hilbert矩阵的尺寸是逐渐增大的,从2×2到4×4、8×8、16×16、……。而Hilbert置乱的输入和输出均为$2^n\times2^n$的图像。整个图像置乱过程中,图像的尺寸不应该发生变化。

对于这两点问题,我们给出的解决方案是:仍然采用式(5-22)所示的原理进行图像置乱,但是流程上不同于经典Hilbert置乱中先生成置乱矩阵再重新排列像素的思路,而是直接重新排列像素的顺序。排列时将图像分成图像块,对每一个图像块,按照式(5-22)所示的方法重新排列,并且重排列过程不是一次完成,而是需要进行多次,每次图像块的尺寸都会增大(注意,是图像块的尺寸增大,整个图像的尺寸并未发生变化),从2×2到4×4、8×8、16×16、……,直到$2^n\times2^n$。

为了给出量子Hilbert置乱,先给出3个线路模块。

2.3 个线路模块

本节中,假设 k 是一个整数,并且 $0 \leqslant k \leqslant n-1$。

(1) 模块 PARTITION(k)

模块 PARTITION(k)能够将 $2^n \times 2^n$ 输入图像分割为 $2^{n-k-1} \times 2^{n-k-1}$ 个 $2^{k+1} \times 2^{k+1}$ 的图像块。它由如下两步组成(如图 5-17 所示):

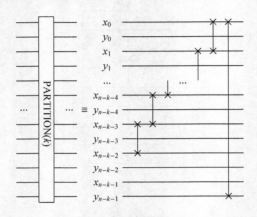

图 5-17 模块 PARTITION(k)

① 用交换门交换 x_{n-k-3} 和 x_{n-k-2}、x_{n-k-4} 和 x_{n-k-3}、$\cdots\cdots$、x_0 和 x_1。

② 用交换门交换 x_0 和 x_{n-k-1}。

图 5-18 给出模块 PARTITION(k)的两个例子,其中 $n=3$。模块的输入是 S_3,对 S_3 进行两个不同的分块操作,一个是 PARTITION(0),一个是 PARTITION(1)。PARTITION(0)在经过两步操作之后将 S_3 分为 2×2 的图像块,每个图像块中的 4 个像素在原图像 S_3 中是紧邻的。PARTITION(1)仅包含第二步操作,将 S_3 分为 4×4 的图像块,每个图像块中的 16 个像素在原图像 S_3 中也是紧邻的。

(2) 模块 O(k)

假设 A、B、C、D 是 4 个 $2^{k-1} \times 2^{k-1}$ 矩阵,模块 O(k)的功能是将矩阵 $\begin{bmatrix} A & B \\ C & D \end{bmatrix}$ 变为 $\begin{bmatrix} A & D^{pp} \\ B^{T} & C^{T} \end{bmatrix}$,这种形式类似于式(5-22)中当 n 为奇数时的情况。

O(k)由如下步骤组成(如图 5-19 所示):

① 用交换门交换 x_{n-k-1} 和 y_{n-k-1},以 x_{n-k-1} 为控制位,y_{n-k-1} 为目标位,加入一个 CNOT 门。

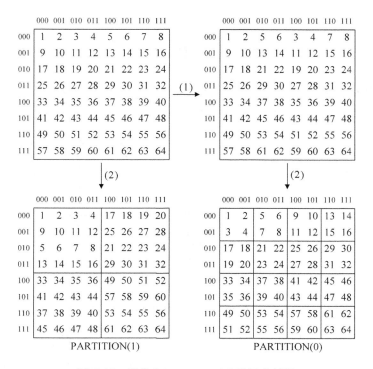

图 5-18 模块 PARTITION(*k*) 的两个例子

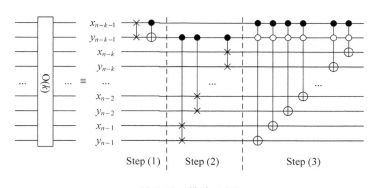

图 5-19 模块 O(*k*)

② 用控制交换门交换 x_{n-1} 和 y_{n-1}、x_{n-2} 和 y_{n-2}、……、x_{n-k} 和 y_{n-k}，其中 y_{n-k-1} 是控制位。

③ 用 2-CNOT 门翻转 y_{n-1}、x_{n-1}、y_{n-2}、x_{n-2}、……、y_{n-k}、x_{n-k}。

每一步的作用如图 5-20 所示。

$$\begin{pmatrix} A & B \\ C & D \end{pmatrix} \xrightarrow{\text{Step(1)}} \begin{pmatrix} A & D \\ B & C \end{pmatrix} \xrightarrow{\text{Step(2)}} \begin{pmatrix} A & D \\ B^{\mathrm{T}} & C^{\mathrm{T}} \end{pmatrix} \xrightarrow{\text{Step(3)}} \begin{pmatrix} A & D^{\mathrm{pp}} \\ B^{\mathrm{T}} & C^{\mathrm{T}} \end{pmatrix}$$

图 5-20 模块 O(*k*) 的功能

（3）模块 E(k)

模块 E(k)的功能是将矩阵 $\begin{bmatrix} A & B \\ C & D \end{bmatrix}$ 变为 $\begin{bmatrix} A & B^{\mathrm{T}} \\ D^{\mathrm{pp}} & C^{\mathrm{T}} \end{bmatrix}$，这种形式类似于式（5-22）中当 n 为偶数时的情况。

E(k)由如下步骤组成（如图 5-21 所示）：

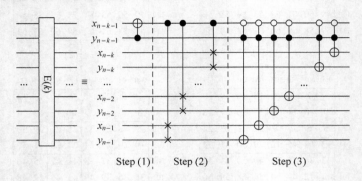

图 5-21　模块 E(k)

① 以 y_{n-k-1} 为控制位，x_{n-k-1} 为目标位，加入一个 CNOT 门。

② 用控制交换门交换 x_{n-1} 和 y_{n-1}、x_{n-2} 和 y_{n-2}、……、x_{n-k} 和 y_{n-k}，其中 x_{n-k-1} 是控制位。

③ 用 2-CNOT 门翻转 y_{n-1}、x_{n-1}、y_{n-2}、x_{n-2}、……、y_{n-k}、x_{n-k}。

每一步的作用如图 5-22 所示。

$$\begin{pmatrix} A & B \\ C & D \end{pmatrix} \xrightarrow{\text{Step(1)}} \begin{pmatrix} A & B \\ D & C \end{pmatrix} \xrightarrow{\text{Step(2)}} \begin{pmatrix} A & B^{\mathrm{T}} \\ D & C^{\mathrm{T}} \end{pmatrix} \xrightarrow{\text{Step(3)}} \begin{pmatrix} A & B^{\mathrm{T}} \\ D^{\mathrm{pp}} & C^{\mathrm{T}} \end{pmatrix}$$

图 5-22　模块 E(k)的功能

3. 3 个基本线路

由前面的 3 个线路模块可以搭建出 3 个基本线路：Initialization、Odd(k)和 Even(k)。

（1）Initialization

Initialization 用来产生 Hilbert 矩阵的初始值 $H_1 = \begin{bmatrix} 1 & 2 \\ 4 & 3 \end{bmatrix}$。由于模块 PARTITION(0)可以将图像分为大小为 2×2 的图像块，且根据图 5-18，每一个图像块中的像素按照从上到下、从左到右的原则顺序排列（假设用 $\begin{bmatrix} a & b \\ c & d \end{bmatrix}$ 表示），因

此 Initialization 可以在模块 PARTITION(0)的基础上,将 c 和 d 的顺序颠倒即可。颠倒的方法是在 y_{n-1} 为 1 的情况下,将 x_{n-1} 翻转(如图 5-23 所示)。

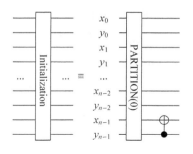

图 5-23 Initialization

(2) Odd(k)

Odd(k)显示在图 5-24 中,此处 k 为一奇数,且 $1 \leqslant k \leqslant n-1$。Odd($k$)由模块 PARTITION($k$)和 O($k$)组成,PARTITION($k$)将图像分为图像块,O($k$)将每一个图像块变为 $\begin{bmatrix} A & D^{pp} \\ B^{T} & C^{T} \end{bmatrix}$ 的形式。需要注意的是,当 $k = n-1$ 时,模块 PARTITION(k)不再出现,此时的 Odd(k)就是 O(k)。

(3) Even(k)

Even(k)显示在图 5-25 中,此处 k 为一偶数,且 $2 \leqslant k \leqslant n-1$。Even($k$)由模块 PARTITION($k$)和 E($k$)组成,PARTITION($k$)将图像分为图像块,E($k$)将每一个图像块变为 $\begin{bmatrix} A & B^{T} \\ D^{pp} & C^{T} \end{bmatrix}$ 的形式。需要注意的是,当 $k = n-1$ 时,模块 PARTITION(k)不再出现,此时的 Even(k)就是 E(k)。

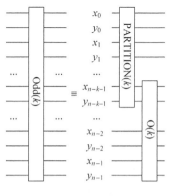

图 5-24 Odd(k)

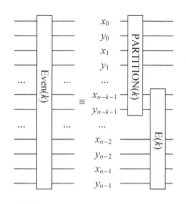

图 5-25 Even(k)

4. 完整量子 Hilbert 置乱线路

根据图 5-16 和前面对各个模块的描述,完整量子 Hilbert 置乱如图 5-26 所示。其中,最后一个基本线路"Even$(n-1)$/Odd$(n-1)$"的意思是如果 $n-1$ 是一个偶数,则最后一个模块是 Even$(n-1)$;如果 $n-1$ 是一个奇数,则最后一个模块是 Odd$(n-1)$。

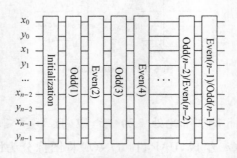

图 5-26　完整量子 Hilbert 置乱线路

5.3.4　量子 Hilbert 逆置乱

由于量子逻辑门具有幺正性,那么完整量子 Hilbert 置乱线路也是幺正的。只需要将线路中的所有逻辑门按相反的顺序排列,即可得到 Hilbert 量子逆置乱线路。

5.3.5　量子 Hilbert 置乱的例子

假设 $n=3$,即针对一个 8×8 图像,其 Hilbert 置乱线路如图 5-27 所示。

该图像一共有 64 个像素,假设用 1~64 对图像中的像素按照从上到下、从左到右的顺序编号,则线路中每一个模块的作用如图 5-28 所示。PARTITION(0)将图像划分为 2×2 的子图像,每一个图像块的形式为 $\begin{bmatrix} i & i+1 \\ i+2 & i+3 \end{bmatrix}$。之后,控制非门的作用是将图像块中第二行的两个像素的位置颠倒过来。PARTITION(1)将图像划分为 4×4 的子图像。O(1) 和 E(2) 完成置乱过程。

如果从图 5-27 所示线路的右端输入一个经过了一次 Hilbert 置乱的图像,则左端就会输出还原后的图像。

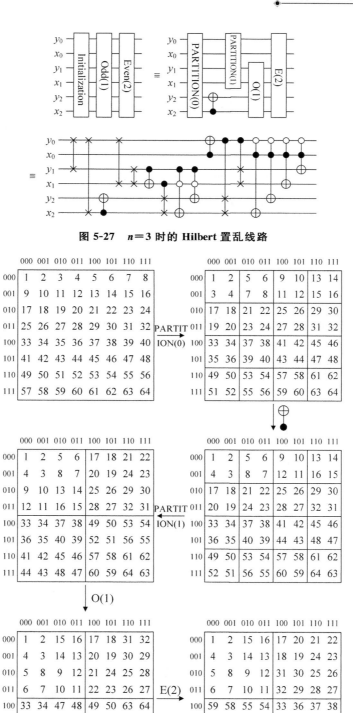

图 5-27　$n=3$ 时的 Hilbert 置乱线路

	000	001	010	011	100	101	110	111
000	1	2	3	4	5	6	7	8
001	9	10	11	12	13	14	15	16
010	17	18	19	20	21	22	23	24
011	25	26	27	28	29	30	31	32
100	33	34	35	36	37	38	39	40
101	41	42	43	44	45	46	47	48
110	49	50	51	52	53	54	55	56
111	57	58	59	60	61	62	63	64

PARTITION(0) →

	000	001	010	011	100	101	110	111
000	1	2	5	6	9	10	13	14
001	3	4	7	8	11	12	15	16
010	17	18	21	22	25	26	29	30
011	19	20	23	24	27	28	31	32
100	33	34	37	38	41	42	45	46
101	35	36	39	40	43	44	47	48
110	49	50	53	54	57	58	61	62
111	51	52	55	56	59	60	63	64

↓ ⊕

	000	001	010	011	100	101	110	111
000	1	2	5	6	9	10	13	14
001	4	3	8	7	12	11	16	15
010	17	18	21	22	25	26	29	30
011	20	19	24	23	28	27	32	31
100	33	34	37	38	41	42	45	46
101	36	35	40	39	44	43	48	47
110	49	50	53	54	57	58	61	62
111	52	51	56	55	60	59	64	63

← PARTITION(1)

	000	001	010	011	100	101	110	111
000	1	2	5	6	17	18	21	22
001	4	3	8	7	20	19	24	23
010	9	10	13	14	25	26	29	30
011	12	11	16	15	28	27	32	31
100	33	34	37	38	49	50	53	54
101	36	35	40	39	52	51	56	55
110	41	42	45	46	57	58	61	62
111	44	43	48	47	60	59	64	63

↓ O(1)

	000	001	010	011	100	101	110	111
000	1	2	15	16	17	18	31	32
001	4	3	14	13	20	19	30	29
010	5	8	9	12	21	24	25	28
011	6	7	10	11	22	23	26	27
100	33	34	47	48	49	50	63	64
101	36	35	46	45	52	51	62	61
110	37	40	41	44	53	56	57	60
111	38	39	42	43	54	55	58	59

E(2) →

	000	001	010	011	100	101	110	111
000	1	2	15	16	17	20	21	22
001	4	3	14	13	18	19	24	23
010	5	8	9	12	31	30	25	26
011	6	7	10	11	32	29	28	27
100	59	58	55	54	33	36	37	38
101	60	57	56	53	34	35	40	39
110	61	62	51	52	47	46	41	42
111	64	63	50	49	48	45	44	43

图 5-28　$n=3$ 时的 Hilbert 置乱处理过程

5.3.6 网络复杂度

仍然采用控制非门和非门作为基本逻辑单元。根据式(2-15),交换门可以用 3 个 CNOT 门模拟,因此控制交换门相当于 3 个 Toffoli 门,可以用 18 个 CNOT 门代替。

因此,根据图 5-17、图 5-19、图 5-21 可知,PARTITION(k)的复杂度为

$$3 \times (n-k-1) = 3n - 3k - 3$$

O(k)的复杂度为

$$3 + 1 + 18 \times k + 8 \times 2k = 34k + 4$$

E(k)的复杂度为

$$1 + 18 \times k + 8 \times 2k = 34k + 1$$

所以,根据图 5-23～图 5-25 能够得到,线路 Initialization 的复杂度为

$$(3n-3) + 1 = 3n - 2$$

Odd(k)的复杂度为

$$(3n - 3k - 3) + (34k + 4) = 3n + 31k + 1$$

Even(k)的复杂度为

$$(3n - 3k - 3) + (34k + 1) = 3n + 31k - 2$$

综上可得,整个 Hilbert 量子置乱线路的复杂度为

$$3n - 2 + \sum_{k \text{ is odd}} (3n + 31k + 1) + \sum_{k \text{ is even}} (3n + 31k - 2) \approx 18n^2 + 18n$$

即 O(n^2)。相比于经典 Hilbert 置乱 O(2^{2n})的复杂度,量子算法优于经典算法。

5.4 本章小结

本章研究了 3 种量子图像置乱算法,并对其中的 Arnold 和 Fibonacci 置乱进行改进。这些算法可以成为今后进行其他量子图像处理的基础,而且 Arnold 置乱算法已经在量子图像加密中发挥了作用(如文献[49])。复杂度分析表明,量子算法的复杂度低于经典算法。

第6章

量子图像几何操作

像旋转、缩放、平移这样的几何操作是图像处理中非常常见和基本的操作。本章中,介绍量子图像的缩放[38]和平移[39]算法。

6.1　量子图像缩放

6.1.1　图像缩放概述

图像缩放在经典图像处理中是一种常用的操作,几乎所有的图像处理软件中都有图像缩放功能,放大图像使细节看得更清楚,或者缩小图像减少图像占用的存储空间和传输代价。图像缩放总是和插值相伴而生,当放大图像时,插值用来决定新产生的像素的颜色值;当缩小图像时,插值用来决定删除哪些像素。

经典图像处理中常用的插值方法有 3 种:最近邻插值(nearest neighbor)、双线性插值(bilinear)、双立方插值(bicubic)[75~76]。图 6-1 给出 3 种插值方法的原理示意图,其中空心圆点表示原有像素,称为源像素,实心圆点表示新加入的像素,称为目标像素。最近邻插值,顾名思义,就是将目标像素的值设为与其最近的源像素的值。双线性插值按目标像素离前后两个源像素的距离,按比例将目标像素的值设为前后两个源像素的均值。双立方插值不仅考虑前后源像素的值,还考虑它们的变化率,因此需要前后各两个源像素才能获得变化率。

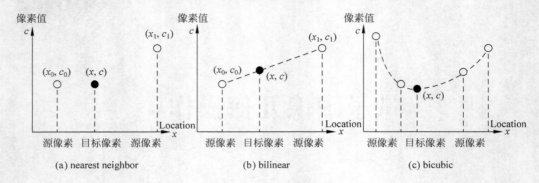

图 6-1　3 种插值方法原理

不同插值方法的效果存在差别,图 6-2 给出一个例子。3 者相比,最近邻插值的效果最差,边缘处台阶效应明显;双立方插值的效果最好,产生的图像较为平滑;双线性插值处在两者之间。

图 6-2　不同插值方法的效果

图像缩放过程中对插值方法的选择,是一个寻找平衡点的问题,从最近邻到双立方,算法复杂度越来越高,但是插值效果也越来越好。需要根据实际应用的需要,在效率和效果之间找到一个平衡点。

6.1.2　基于最近邻的图像缩放原理

本章中,要介绍一种基于最近邻的量子图像缩放算法,因此下面对基于最近邻的图像缩放做详细介绍。

图像可以看作是一个二维矩阵,二维最近邻插值可以分解为两个一维插值,即

$$I' = S(I, r_x, r_y) = S_y(S_x(I, r_x), r_y) = S_x(S_y(I, r_y), r_x)$$

其中，I 是原始图像；I' 是缩放后的图像；S 是二维最近邻插值函数；S_x 是 X 方向上的插值函数；S_y 是 Y 方向上的插值函数；r_x 是 X 方向上的缩放系数；r_y 是 Y 方向上的缩放系数，缩放系数又称缩放倍数。这就说明，对图像进行基于二维最近邻插值的缩放，可以先沿一个方向缩放，再沿另一个方向缩放。图 6-3 给出最近邻插值的一个例子，其中 $r_x = 2$，$r_y = 4$。

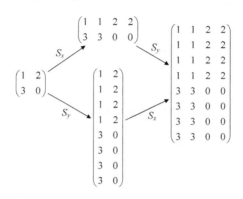

图 6-3　最近邻插值的分解

本章中，假设一个大小为 $2^{n_1} \times 2^{n_2}$ 的图像被缩放为一个 $2^{m_1} \times 2^{m_2}$ 的图像，缩放倍数 $r_y = 2^{m_1 - n_1}$、$r_x = 2^{m_2 - n_2}$，其中 n_1、n_2、m_1、m_2 都是正整数。因为二维插值可以分解为两个一维插值，因此一个方向上的缩放过程清楚了，另一个方向上的缩放过程也就清楚了。下面以 X 方向为例，分别给出基于最近邻插值的放大和缩小过程：

- 图像放大：将每一个像素的值重复 r_x 次。例如，如果一个原图像中有 4 个像素，分别用 1～4 编号为"1234"，且放大倍数为 2，则放大后的图像为"11223344"。

- 图像缩小：当图像缩小时，$r_x < 1$。将原图像中每 $\frac{1}{r_x}$ 个像素称为一个组，基于最近邻的图像缩小原理是，1 个组被缩减为 1 个像素，该像素的值为这组中的第 $\frac{1}{2r_x}$ 个像素的值。如图 6-4 所示，对第 X' 组来讲，由于其前面有 X' 个组，每组有 $\frac{1}{r_x}$ 个像素，因此该组当中的第 $\frac{1}{2r_x}$ 个像素是整个原图像中的第

$$X' \cdot \frac{1}{r_x} + \frac{1}{2r_x} = X' \cdot 2^{n_2 - m_2} + 2^{n_2 - m_2 - 1}$$

个像素。例如，原始图像的 8 个像素用 1~8 编号为"12345678"，且 $r_x = \frac{1}{2}$，则缩小后的图像为"2468"；如果 $r_x = \frac{1}{4}$，则缩小后的图像为"37"。

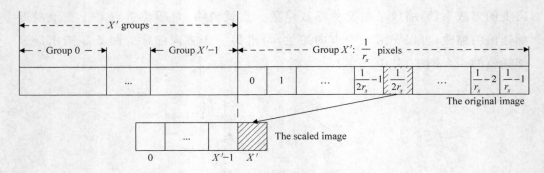

图 6-4 基于最近邻的图像缩小原理

图 6-5 给出一个基于最近邻插值的图像缩放的例子。

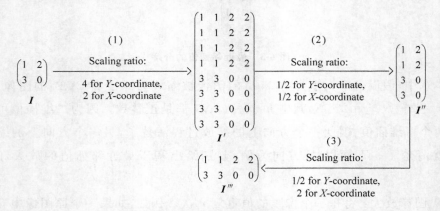

图 6-5 基于最近邻插值的图像缩放的一个例子

6.1.3 量子图像放大

在给出量子图像缩放算法的时候，假设量子图像以 GQIR 方式表示，原图像尺寸为 $2^{n_1} \times 2^{n_2}$，缩放倍数为 $r_y = 2^{m_1 - n_1}$、$r_x = 2^{m_2 - n_2}$。

将一个方向上基于最近邻的量子图像放大模块称为 UP(n,m)，其中 n 和 m 表示图像尺寸从 2^n 放大到 2^m，显然 $m > n$。则 UP(n,m) 模块包含如下步骤（如图 6-6 所示）：

- 准备 $m-n$ 个初态为 $|0\rangle$ 的量子比特，作为 X 轴位置坐标的新的低位 x'_n，

$x'_{n+1}, \cdots, x'_{m-2}, x'_{m-1}$。

- 用 $m-n$ 个 Hadamard 门将 $x'_n, x'_{n+1}, \cdots, x'_{m-2}, x'_{m-1}$ 变为 $|0\rangle$ 和 $|1\rangle$ 等概出现的叠加态。

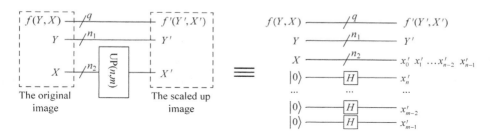

图 6-6　X 轴上的图像放大线路

因为 Hadamard 门的作用是使得 $|0\rangle$ 和 $|1\rangle$ 等概率出现,因此新加入的位置坐标 $x'_n, x'_{n+1}, \cdots, x'_{m-2}, x'_{m-1}$ 可以表示从 $|00\cdots00\rangle$ 到 $|11\cdots11\rangle$ 的所有 2^{m-n} 种情况。即原图像中的任意一个像素 $|x_0 x_1 \cdots x_{n-1}\rangle$ 放大为 $r_x = 2^{m-n}$ 个像素 $|x_0 x_1 \cdots x_{n-1} 00\cdots00\rangle, \cdots, |x_0 x_1 \cdots x_{n-1} 11\cdots11\rangle$,且所有这 2^{m-n} 个像素的颜色值相同,即原图像中的每个像素被重复了 2^{m-n} 次。下面的定理 6-1 证明了该结论。

【定理 6-1】　模块 $\mathrm{UP}(n, m)$ 的作用是将原图像中每个像素重复 2^{m-n} 次。

证明:

问题 1:原图像中一个像素被放大为几个像素?

根据图 6-6,

$$X = x_0 x_1 \cdots x_{n-1}$$
$$X' = x_0 x_1 \cdots x_{n-1} x'_n x'_{n+1} \cdots x'_{m-2} x'_{m-1}$$
$$= X \cdot 2^{m-n} + x'_n x'_{n+1} \cdots x'_{m-2} x'_{m-1}$$

由于 Hadamard 门的作用是使得 $|0\rangle$ 和 $|1\rangle$ 等概率出现,因此 $x'_i \in \{0, 1\}, i = n, n+1, \cdots, m-2, m-1$,即 $x'_n x'_{n+1} \cdots x'_{m-2} x'_{m-1} \in \{\underbrace{00\cdots0}_{m-n\text{个}}, \cdots, \underbrace{11\cdots1}_{m-n\text{个}}\}$。也就是说,原图像中一个像素 X 被放大为 2^{m-n} 个像素。

问题 2:新加入的像素的颜色值是多少?

$\mathrm{UP}(n, m)$ 模块并未对颜色信息 $|C^0_{YX} C^1_{YX} \cdots C^{q-1}_{YX}\rangle$ 进行任何处理,这表明颜色将保持原有信息不变。由于上一问题中,一个像素 X 被放大为 2^{m-n} 个像素,因此这 2^{m-n} 个像素的值均与 X 像素的值相同。

定理得证。

6.1.4 量子图像缩小

为了给出量子图像缩小线路,首先对缩小过程进行进一步分析。

在原始图像中,一个像素的位置信息 $X = x_0 x_1 \cdots x_{m-1} x_m x_{m+1} \cdots x_{n-1}$ 可被分为两部分:$x_0 x_1 \cdots x_{m-1}$ 和 $x_m x_{m+1} \cdots x_{n-1}$,它们有如下特性:

(1) 根据图 6-4,属于同一个组的像素具有相同的 $x_0 x_1 \cdots x_{m-1}$,而且它即为组编号的二进制形式,也就是这一组被缩小为一个像素之后,该像素在新图像中的位置信息。

(2) 缩小后的新图像中的一个像素 $X' = x_0' x_1' \cdots x_{m-1}'$ 的颜色值,等于原图像中 $|x_0' x_1' \cdots x_{m-1}' 10 \cdots 0\rangle$ 的值,即 $x_m x_{m+1} \cdots x_{n-1} = 10 \cdots 0$。这是因为,根据图 6-4,缩小后图像中的 X',即原图像中的 $X' \cdot \dfrac{1}{r_x} + \dfrac{1}{2r_x} = X' \cdot 2^{n-m} + 2^{n-m-1}$,所以

$$X' \cdot 2^{n-m} + 2^{n-m-1} = x_0' x_1' \cdots x_{m-1}' \underbrace{000 \cdots 0}_{n-m\text{个}} + \underbrace{100 \cdots 0}_{n-m-1\text{个}}$$
$$= x_0' x_1' \cdots x_{m-1}' 100 \cdots 0$$

将一个方向上基于最近邻的量子图像缩小模块称为 DOWN(n,m),其中 n 和 m 表示图像尺寸从 2^n 缩小到 2^m,显然 $m < n$。则 DOWN(n,m) 模块包含如下步骤(如图 6-7 所示):

- 准备 q 个初态为 $|0\rangle$ 的量子比特,作为新图像的颜色值;准备 m 个初态为 $|0\rangle$ 的量子比特,作为新图像的 X 轴位置信息。
- 用 m 个 Hadamard 门将 $x_0', x_1', \cdots, x_{m-2}', x_{m-1}'$ 变为 $|0\rangle$ 和 $|1\rangle$ 等概率出现的叠加态。
- 用多控制位的 CNOT 门,将原图像中 $x_0' x_1' \cdots x_{m-1}' 100 \cdots 0$ 点的颜色值赋给新图像中的 $x_0' x_1' \cdots x_{m-1}'$ 点。

【**定理 6-2**】 模块 DOWN(n,m) 的作用是在一个方向上,基于最近邻插值,缩小量子图像。

证明:如图 6-7 所示,为了描述简便,将缩小线路分为若干个部分:竖着看,分为 2^m 个细长阴影部分;横着看,分为 A、B、C、D 四个部分。

所有被同一个细长阴影所覆盖的逻辑门用来处理缩小图像中的一个像素。

A 部分用 CNOT 门将原图像中的颜色值 $|C_{YX}^0 C_{YX}^1 \cdots C_{YX}^{q-1}\rangle$ 赋给缩小后图像中的颜色值 $|C_{Y'X'}^{0}{}' C_{Y'X'}^{1}{}' \cdots C_{Y'X'}^{q-1}{}'\rangle$。B、C、D 这 3 部分用来控制赋值条件,也就

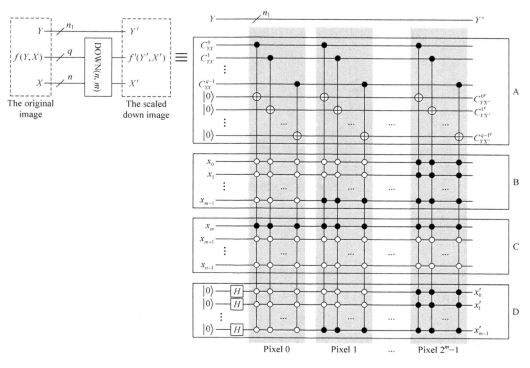

图 6-7 X 轴上的图像缩小线路

是第 2 章中介绍过的控制模块 $CV(v)$。B 和 D 部分中,属于同一个细长阴影的控制值相同,对应于本节开头的特性(1)。C 部分中,控制值均为 $10\cdots0$,对应于特性(2)。

因此,原图像中 $x'_0 x'_1 \cdots x'_{m-1} 100 \cdots 0$ 点的颜色值被赋给新图像中的 $x'_0 x'_1 \cdots x'_{m-1}$ 点。定理 6-2 得证。

6.1.5 量子图像缩放的例子

以图 6-5 所示的缩放过程为例,对量子图像缩放过程进行进一步说明。

原始图像 I 是一个 2×2 的 4 值图像,即 $n_1 = n_2 = 1$ 且 $q = 2$,因此 I 可以表示为

$$|I\rangle = \frac{1}{2} \sum_{Y=0}^{1} \sum_{X=0}^{1} \otimes_{i=0}^{1} |C_{YX}^i\rangle |YX\rangle$$

$$= \frac{1}{2}(|01\rangle \otimes |00\rangle + |10\rangle \otimes |01\rangle + |11\rangle \otimes |10\rangle + |00\rangle \otimes |11\rangle)$$

例1：$I \rightarrow I'$，其中 $r_y = 4$，$r_x = 2$。

由于 $r_y = 4$，$r_x = 2$，可以得到 $m_1 = 3$，$m_2 = 2$，因此放大电路如图 6-8 所示。

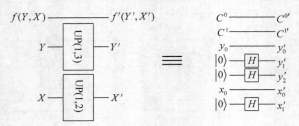

图 6-8　例 1 的图像放大线路

例2：$I' \rightarrow I''$，其中 $r_y = r_x = \dfrac{1}{2}$。

由于 $r_y = r_x = \dfrac{1}{2}$，可以得到 $m_1' = 2$，$m_2' = 1$，因此缩小电路如图 6-9 所示。需要注意的是，两个方向上的 DOWN 模块不能同时完成，必须先在一个方向上缩小，再在另一个方向上缩小。这是因为每运行一次 DOWN 模块，就涉及一次颜色的赋值操作，两个方向同时进行会造成赋值混乱。

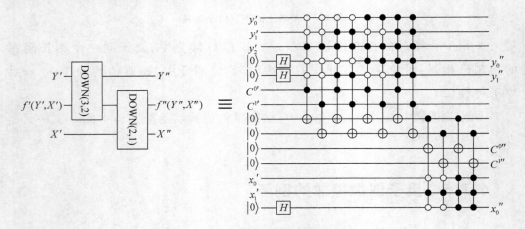

图 6-9　例 2 的图像缩小线路

例3：$I'' \rightarrow I'''$，其中 $r_y = \dfrac{1}{2}$，$r_x = 2$。

由于 $r_y = \dfrac{1}{2}$，$r_x = 2$，可以得到 $m_1'' = 1$，$m_2'' = 2$，在一个方向上缩小，在另一个方向上放大，因此电路如图 6-10 所示。

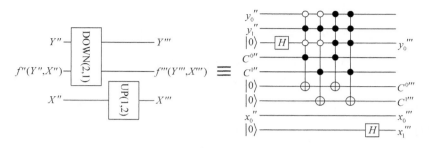

图 6-10　例 3 的线路

6.1.6　网络复杂度

UP 模块相对简单，如果放大倍数为 2^{m-n}，$m-n$ 个 Hadamard 门就可以完成图像放大。

DOWN 模块比较复杂，在图 6-7 中，一共有 2^m 个细长阴影，每个阴影覆盖 q 层线路，因此整个 DOWN 模块一共包含 $q2^m$ 层线路。

每一层线路均由一个有多个控制位的 CNOT 门构成，控制位个数为

$$1(\text{A 部分}) + m(\text{B 部分}) + (n-m)(\text{C 部分}) + m(\text{D 部分}) = n+m+1$$

因此，根据式(2-17)，一层线路的复杂度为

$$12(n+m+1) - 9 = 12(n+m) + 3$$

整个 DOWN 模块的复杂度则为

$$q2^m(12(n+m)+3)$$

即 $O(q2^m(n+m))$。

6.2　量子图像平移

6.2.1　图像平移概述

图像平移是将原始图像中每个元素的位置经过平移变换至一个新的位置的几何变换操作。图像平移是图像处理中的一个基本操作，我们将其分为整体图像平移(Entire Translation，ET)和循环图像平移(Cyclic Translation，CT)。两者的

区别在于：整体图像平移 ET 指将整个图像平移，并将由平移产生的空白位置填充为黑色或其他颜色，同时摒弃超出图像边界的像素；而循环图像平移 CT 则是将超出图像边界的像素填充到另一边空出来的位置上。

整体图像平移 ET 运用范围广泛，几乎所有的图像处理软件都有这个功能。图 6-11 给出了整体图像平移的两个例子。图 6-11(a)中海豚跳跃图像总共进行了两次整体平移，形成动画效果。图 6-11(b)将一幅图像进行整体平移，然后将两幅图像结合成一幅新的图像，这在经典图像处理中也是一种常见操作。

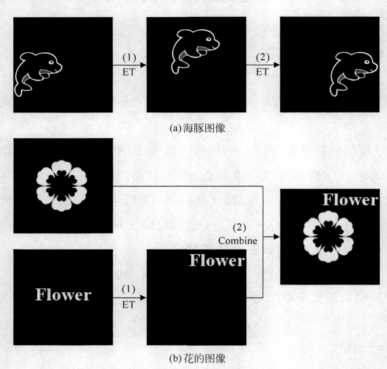

(a)海豚图像

(b)花的图像

图 6-11　整体图像平移 ET

循环图像平移 CT 经常作为图像处理的中间过程。例如，一般来说，在图像进行过傅里叶变换之后，零频率成分会被转移至光谱图像的中心，而这种转移即可看成是一种 CT 操作，在 Matlab 中这一操作称为 fftshift。图 6-12(a)和图 6-12(b)显示了平移前和平移后的傅里叶光谱。图 6-12(c)是这个平移过程的示意图。

假定 $I(X,Y)$ 表示原始图像，图像大小为 $2^n \times 2^n$，其中 (X,Y) 是像素坐标，X，$Y=0,1,\cdots,2^n-1$。则将图像平移定义如下：

$$X_t = X \pm t_x$$
$$Y_t = Y \pm t_y$$

(6-1)

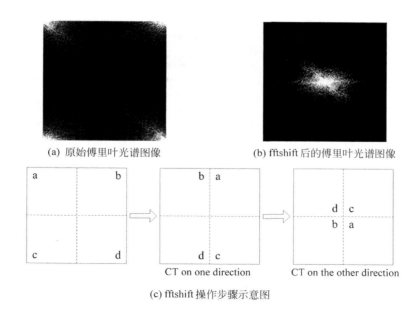

(a) 原始傅里叶光谱图像　　　　　(b) fftshift 后的傅里叶光谱图像

(c) fftshift 操作步骤示意图

图 6-12　循环图像平移 CT

其中,(X_t, Y_t) 是平移后图像的像素坐标;(t_x, t_y) 表示像素横坐标和纵坐标的平移量,$0 \leqslant t_x, t_y \leqslant 2^n - 1$。在式(6-1)中,如果使用"+",则表示图像向右或向下平移,如果使用"−",则表示图像向左(或向上)平移。

需要注意的是,式(6-1)中给出的图像平移公式不能够明显地反映出 ET 和 CT 的区别,这个问题将会在接下来的内容中阐述。

6.2.2　量子比较器

量子图像平移过程中需要比较两个数的大小,用量子比较器完成。量子比较器由 Wang 等提出[77],其量子电路如图 6-13 所示。其中 a 和 b 是待比较的两个量子数,各由 n 个量子比特构成。量子比较器的输出为两个量子位 $|e_0\rangle$ 和 $|e_1\rangle$,通过 $|e_0\rangle$ 和 $|e_1\rangle$ 的值判断 a 和 b 的大小关系:

- 如果 $e_1 e_0 = 10$,则 $a > b$;
- 如果 $e_1 e_0 = 01$,则 $a < b$;
- 如果 $e_1 e_0 = 00$,则 $a = b$。

量子平移算法中只用到 e_0:当 $e_0 = 0$ 时,$a \geqslant b$;当 $e_0 = 1$ 时,$a < b$。

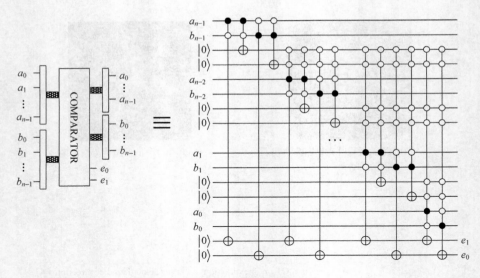

图 6-13　量子比较器

6.2.3　量子图像平移

从式(6-1)可以看出,X 和 Y 方向上的平移并没有交叉,这就表明图像平移过程可以看作关于 X 轴和 Y 轴的独立过程。那么就可以将整个图像平移过程分为如下两个部分:X 轴方向的平移和 Y 轴方向的平移。这两个部分的原理相同,且执行过程没有先后之分。因此只要给出一个方向上的平移电路,在另一个方向上重复该过程即可完成整个量子图像的平移。下面以 X 轴为例介绍平移过程。

定义一个方向上的量子整体平移为 $\mathrm{ET}(\pm t_x)$ 模块,量子循环平移为 $\mathrm{CT}(\pm t_x)$ 模块,其中 t_x 代表平移量,$0 \leqslant t_x \leqslant 2^n - 1$。

1. 整体图像平移 ET

图 6-14 给出了整体平移的示意图,图 6-14(a)是向右平移,图 6-14(b)是向左平移。向右平移和向左平移的量子线路不同,分别描述。

(1) 向右平移:$X_t = X + t_x$。

根据图 6-14(a),向右平移的 ET 操作可以描述为

$$C_{YX_t} = \begin{cases} 0, & \text{if} \quad 0 \leqslant X_t \leqslant t_x - 1 \\ C_{YX}, & \text{if} \quad t_x \leqslant X_t \leqslant 2^n - 1 \end{cases} \tag{6-2}$$

其中,C_{YX} 是原始图像颜色值;C_{YX_t} 是平移之后图像的颜色值。

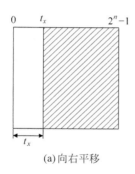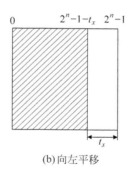

(a)向右平移   (b)向左平移

图 6-14 整体图像平移示意图

为了在量子计算机上实现整体图像平移 ET,需要将式(6-2)写为其他的形式。由于 $0 \leqslant X \leqslant 2^n-1$,$t_x \leqslant X_t = X+t_x \leqslant 2^n-1+t_x$。将区间 $[t_x, 2^n-1+t_x]$ 分成 $[t_x, 2^n-1]$ 和 $[2^n, 2^n-1+t_x]$ 两个子区间。

子区间 $[t_x, 2^n-1]$ 是式(6-2)中第二行对应的 X_t 的范围,在这种情况下 $X_t = X+t_x$ 是小于等于 2^n-1 的,没有超过 n 个量子比特能够表示的范围,即加法 $X+t_x$ 没有进位,或者说进位为 0。这说明,当 $X+t_x$ 的进位为 0 时,$C_{YX_t} = C_{YX}$。

当 $X_t = X+t_x$ 处于子区间 $[2^n, 2^n-1+t_x]$ 时,说明 $X+t_x$ 已经不能仅用 n 个量子比特表示,该加法是有进位的,进位为 1,即平移后的图像已经超出图像边界。此时做如下处理:$[2^n, 2^n-1+t_x]-2^n = [0, t_x-1]$,这是式(6-2)中第一行对应的 X_t 的范围。这说明,当 $X+t_x$ 的进位为 1 时,$C_{YX_t} = 0$。

综合以上两点,可以用 $X+t_x$ 的进位作为一个判断条件,来决定 C_{YX_t} 的值。具体到量子线路中,将进位作为控制位:如果进位为 0,则置 $C_{YX_t} = C_{YX}$;否则,置 $C_{YX_t} = 0$。因此 ET 向右平移的量子电路如图 6-15(a)所示,其中的 ADDER 是量子加法器。

(2)向左平移:$X_t = X-t_x$。

根据图 6-14(b),向左平移的 ET 操作可以描述为

$$C_{YX_t} = \begin{cases} 0 & \text{if} \quad 2^n-t_x \leqslant X_t \leqslant 2^n-1 \\ C_{YX} & \text{if} \quad 0 \leqslant X_t \leqslant 2^n-1-t_x \end{cases} \tag{6-3}$$

将 $X_t = X-t_x$ 代入上式,则

$$C_{YX_t} = \begin{cases} 0 & \text{if} \quad 2^n \leqslant X \leqslant 2^n-1+t_x \\ C_{YX} & \text{if} \quad t_x \leqslant X \leqslant 2^n-1 \end{cases}$$

然而会发现,$2^n \leqslant X \leqslant 2^n-1+t_x$ 与 $0 \leqslant X \leqslant 2^n-1$ 冲突,产生这种现象的原因是,摒弃的像素是在所保留的像素的左侧,但空出的像素在所保留的像素的右侧,

它们的距离是 2^n，因此，$2^n \leqslant X \leqslant 2^n - 1 + t_x$ 应该改写成 $0 \leqslant X \leqslant t_x - 1$。

因此，实现整体向左平移时，首先用量子比较器比较 X 和 t_x，得到 e_0；然后用量子减法器计算 $X_t = X - t_x$；最后，根据 e_0 的值，判断是否需要将 C_{YX_t} 设置为 0，即用 e_0 做控制位：如果 $e_0 = 1$，即 $X < t_x$，则置 $C_{YX_t} = 0$。上述过程的量子电路图如图 6-15(b) 所示。

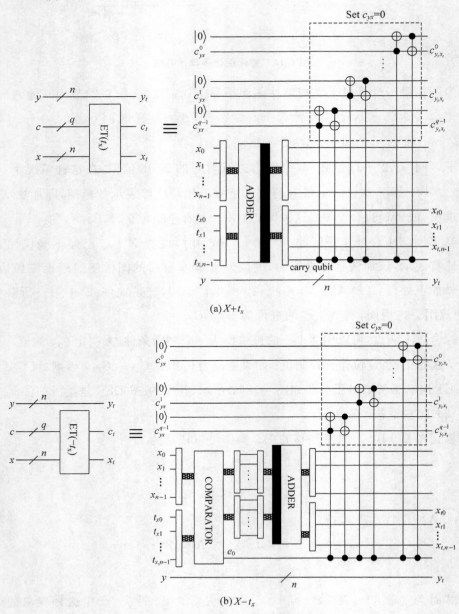

(a) $X + t_x$

(b) $X - t_x$

图 6-15　整体平移 ET 线路

2. 循环图像平移 CT

（1）向右平移：$X_t = X + t_x$。

循环平移描述如下：

$$C_{YX_t} = C_{YX}, \quad \text{其中 } X_t = (X + t_x) \bmod 2^n \tag{6-4}$$

可以用模 2^n 加法器实现。量子图像的循环向右平移电路如图 6-16(a)所示。

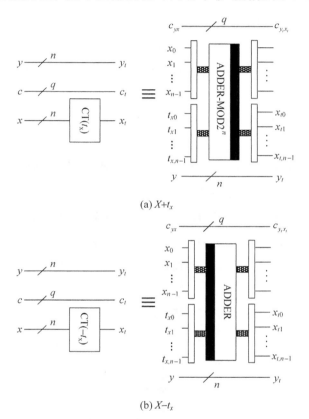

(a) $X + t_x$

(b) $X - t_x$

图 6-16　循环平移 CT 线路

（2）向左平移：$X_t = X - t_x$。

循环平移描述如下：

$$C_{YX_t} = C_{YX}, \quad \text{其中 } X_t = (X - t_x) \bmod 2^n \tag{6-5}$$

用到模 2^n 减法运算。定理 6-3 指出量子减法器即量子模 2^n 减法器。量子减法器在 5.1.2 节已经介绍过，它是通过将量子加法器的各个逻辑门反向实现的。

【**定理 6-3**】 如果量子减法器的输入为两个 n 量子比特序列 a 和 b，则输出的值为 $(b - a) \bmod 2^n$。

证明：根据4.2.2节的描述，当 $b \geqslant a$ 时，量子减法器输出为 $b-a$；当 $b < a$ 时，量子减法器输出为 $2^n + (a-b)$。因此，为证明定理 6-3，仅仅需要证明当 $b \geqslant a$ 时，$(b-a) \bmod 2^n = b-a$；当 $b < a$ 时，$(b-a) \bmod 2^n = 2^n + (b-a)$。

当 $b \geqslant a$ 时，由于 a 和 b 为两个 n 量子比特序列，则 $0 \leqslant a, b \leqslant 2^n - 1$。因此，$0 \leqslant b-a \leqslant 2^n - 1$，在 $b \geqslant a$ 的假设下，可知 $(b-a) \bmod 2^n = b-a$。

当 $b < a$ 时，由于 a 和 b 为两个 n 量子比特序列，则

$$b < a \Rightarrow 1 - 2^n \leqslant b-a \leqslant -1 \Rightarrow 1 \leqslant 2^n + (b-a) \leqslant 2^n - 1$$

因此，$(b-a) \bmod 2^n = 2^n + (b-a)$。定理得证。

根据定理 6-3，量子图像的循环向左平移电路如图 6-16(b)所示。

6.2.4 复杂性分析

由之前章节的分析，我们知道，量子加法器和模 2^n 加法器的复杂度都为 $28n - 12$，其中 n 表示量子图像的大小为 $2^n \times 2^n$。

现在，我们分析量子比较器的复杂度，量子比较器共有 n 个量子门组，每个量子门组可以表示为 $\alpha_0, \alpha_1, \cdots, \alpha_{n-1}$（如图 6-17 所示）。因为在同一组中的控制非门有相同数量的控制位，对于 α_i，每个控制非门的控制位的个数为 $2i + 2$，即每个控制非门的复杂度为

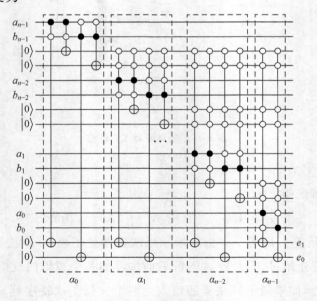

图 6-17　量子比较器

$$12(2i+2)-9=24i+15$$

由于前 $n-1$ 组中,每组有 4 个控制非门;最后一组中有 2 个控制非门,因此,量子比较器的复杂度为

$$4\sum_{i=0}^{n-2}(24i+15)+2(24(n-1)+15)=48n^2-36n+18$$

因此,量子图像平移线路的复杂度如下所述:

- ET 向右(图 6-15(a)):$(28n-12)+12n=40n-12$。
- ET 向左(图 6-15(b)):$(48n^2-36n+18)+(28n-12)+12n=48n^2+4n+6$。
- CT 向右(图 6-16(a)):$28n-12$。
- CT 向左(图 6-16(b)):$28n-12$。

6.2.5　实验分析

1. 例 1:Lena 图像

将一个 128×128 的 256 灰度模型的 Lena 图像作为例子,其中 $n=7,q=8$。对图像进行整体向左平移和循环向下平移,平移量分别为 $t_x=20,t_y=40$。其平移电路如图 6-18 所示。图 6-19 是输入图像和输出图像。例 1 将 X 轴方向和 Y 轴方向的平移结合起来,是对量子图像平移算法的进一步解释。

2. 例 2:海豚图像

将图 6-11(a)中的海豚图像作为第 2 个例子。例 2 是海豚跳跃的模拟图像,通过两次整体平移实现。假定两个整体平移的平移量分别为 (t_{x1},t_{y1}) 和 (t_{x2},t_{y2}),其量子电路如图 6-20 所示,其中"Display to screen"模块是在荧幕上显示平移结果。

3. 例 3:花的图像

例 3 中文字图像被进行整体平移,平移量为 $(t_x,-t_y)$,量子电路如图 6-21 所示,其中模块"Combine the two images"是将两个图像合并成一个图像,在此不对此模块做详细描述。

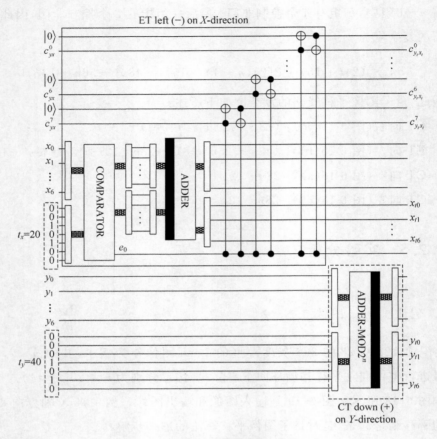

图 6-18　例 1 平移电路

(a) 输入图像　　　　　　　　(b) 输出图像

图 6-19　例 1 的输入图像和输出图像

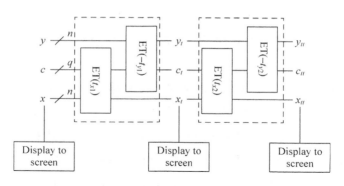

图 6-20 例 2 平移电路

4．例 4：fftshift

图 6-22 给出 fftshift 量子电路，该量子电路使用了两个 $CT(2^{n-1})$ 模块来在两个方向上平移傅里叶频谱的振幅。由于图像的大小为 $2^n \times 2^n$ 并且零频率分量应转向光谱图像的中心，则两个方向上的平移量均为 2^{n-1}。

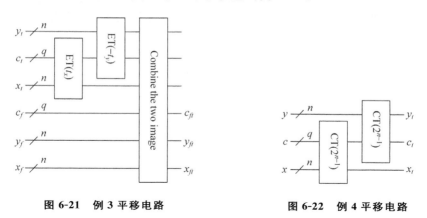

图 6-21 例 3 平移电路　　　　　**图 6-22 例 4 平移电路**

6.3　本章小结

本章给出两种量子图像的几何操作：图像缩放和图像平移，其中量子图像平移又分为：整体平移（ET）和循环平移（CT）。平移过程中 X 轴方向的平移与 Y 轴方向的平移是相互独立的，可分别完成，并且其向左、向右的平移电路是不同的。

在将来的工作中，仍然有一些问题需要我们解决：

（1）图像缩放方面,我们仅研究了基于最近邻插值、缩放倍数为 2^r 的形式,双线性插值、双立方插值都还没有涉及,缩放倍数为任意整数,甚至小数的情况也没有涉及,这些都是下一步的工作。

（2）仅平移图像的一部分是更常见的一种平移操作。如图 6-23 所示,在用户将两幅图像合并为一幅图像之后,感觉图像中花朵与文字距离太近,想要将图像中的花朵向左下角移动,而文字的位置不变。我们将上述操作称为部分平移(Partial Translation,PT)。PT 中除了有 t_x 和 t_y 这两个参数外,还需要知道平移图像的那部分,这导致 PT 平移更为复杂,这是下一步研究的工作。

图 6-23　部分平移(PT)

（3）由前面所述,向左的 ET 操作的复杂度是比较高的,怎样对这个操作进行改进从而降低其复杂度也是将来需要研究的内容。

第7章

量子伪彩色处理

伪彩色处理技术是图像增强技术的一个重要分支。它将灰度图像渲染成彩色图像以使图像看起来更漂亮,或者使图像的某部分信息高亮显示从而看起来更加显著。本章基于密度分层法提出了一种量子图像的伪彩色编码方法[40],通过事先定义的色图信息,将灰度图像映射成彩色图像。

7.1 经典伪彩色编码原理

由于伪彩色处理可以使图像的某些细节更加清晰可见或者使图像更加吸引人,因此已经广泛应用于天文、地理、医学、生物学、艺术等方面,如图 7-1 所示。

在经典图像处理中,主要有两类伪彩色编码方法[75,80]:

- 密度分层法:根据定义的色图信息将灰度图像映射成彩色图像,它的原理将会在本节介绍。
- 灰度-彩色变换法:根据给定的映射函数将灰度值映射为彩色值。假设 $I(x,y)$ 是像素 (x,y) 的灰度值,定义 3 个函数 f_R、f_G、f_B 分别将 $I(x,y)$ 映射为三元色 $R(x,y)$、$G(x,y)$、$B(x,y)$,如式(7-1)所示。

$$\begin{cases} R(x,y) = f_R(I(x,y)) \\ G(x,y) = f_G(I(x,y)) \\ B(x,y) = f_B(I(x,y)) \end{cases} \tag{7-1}$$

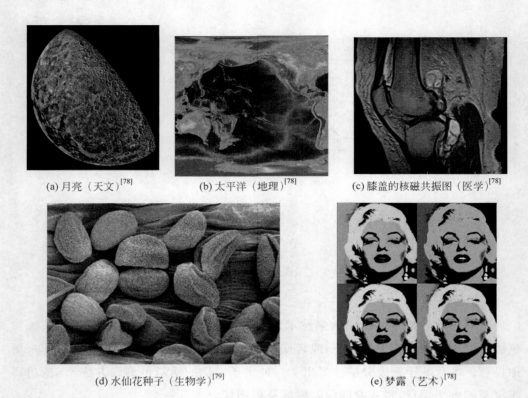

(a) 月亮（天文）[78]   (b) 太平洋（地理）[78]   (c) 膝盖的核磁共振图（医学）[78]

(d) 水仙花种子（生物学）[79]   (e) 梦露（艺术）[78]

图 7-1   伪彩色处理被广泛应用

本章中,要研究的量子图像伪彩色编码模式主要基于密度分层法,因此对该方法进行详细介绍。

经典的密度分层法主要包括以下两个步骤[75,80]:

(1) 步骤 1:定义颜色查找表。

假定灰度图像的灰度值范围为 $[l_0, l_T]$。将灰度范围划分为 T 个子区间 $[l_0, l_1)$,$[l_1, l_2)$,$\cdots$,$[l_{T-1}, l_T]$,并为每个子区间分配一个对应的彩色颜色。即分配颜色 $color_i$ 给子区间 $[l_i, l_{i+1})$,$i=0,1,\cdots,T-1$,也就是说,构建了一个颜色查找表。查找表有两个字段,一个是颜色灰度子区间;另一个是相应的彩色颜色,如表 7-1 所示。图 7-2 给出了颜色查找表的一个实例,其中 $l_0=0$,$l_T=255$。将 $[0, 255]$ 分为 4 个子区间,即 $T=4$,且分别为子区间 $[0,63]$、$[64,127]$、$[128,191]$、$[192,255]$,依次分配红色、黄色、蓝色和绿色给它们。

需要注意的是,颜色查找表是人为定义的,使用者可以根据自己的意愿或者根据应用环境的需要设置子区间的个数 T,并为每个相应的子区间分配适当的颜色。

表 7-1 颜色查找表

灰度子区间范围	$[l_0, l_1)$	$[l_1, l_2)$	$\cdots$	$[l_{T-1}, l_T]$
彩色信息	color_0	color_1	$\cdots$	color_{T-1}

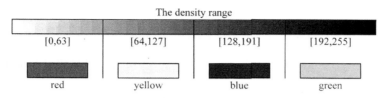

图 7-2 步骤 1 的一个实例

（2）步骤 2：逐个像素地将像素灰度值映射为彩色。

伪彩色处理的过程是查找颜色查找表的过程。如果像素 (x,y) 的灰度值 $I(x,y) \in [l_i, l_{i+1})$，那么像素的值将会从 $I(x,y)$ 映射为 color_i。图 7-3 为使用了图 7-2 的颜色查找表的效果图，将灰度值图像渲染为伪彩色图像。

(a) 原始灰度图像   (b) 伪彩色编码图像

(c) 原始灰度图像   (d) 伪彩色编码图像

图 7-3 步骤 2 的两个应用实例

一般来说，T 是 2^t 这样的格式，且图像的灰度级别数为 2^q。t, q 都是正整数且 $t \leqslant q$。2^q 个灰度级别被平均分配为 2^t 个子区间。在这种常见的应用环境下，定理 7-1 将讨论如何为灰度信息分配相应的彩色信息。

【定理 7-1】 在密度分层伪彩色编码方法中，假定 T 是 2^t 这样的格式，灰度图像的灰度级别为 2^q，2^q 个灰度级别被平均分配为 2^t 个子区间，其中 t, q 都是正整数

且 $t \leqslant q$。则对于任何的灰度值 $g \in [0, 2^q - 1]$,如果定义 $a = \left\lfloor \dfrac{g}{2^{q-t}} \right\rfloor$,那么灰度值 g 将映射为 $color_a$。

证明：因为 2^q 个灰度级别被平均分配为 2^t 个子区间,所以每个子区间拥有 2^{q-t} 个元素,因此

$$[l_i, l_{i+1}) = [l_i, l_{i+1} - 1] = [i \cdot 2^{q-t} + 0, i \cdot 2^{q-t} + (2^{q-t} - 1)] \qquad (7\text{-}2)$$

对于任何的灰度值 $g \in [0, 2^q - 1]$,$a = \left\lfloor \dfrac{g}{2^{q-t}} \right\rfloor$ 是 $\dfrac{g}{2^{q-t}}$ 的整数部分,因此

$$b = g - a \cdot 2^{q-t} = g \bmod 2^{q-t}$$

是余数。即有

$$g = a \cdot 2^{q-t} + b, \quad b \in [0, 2^{q-t} - 1]$$

根据式(7-2)得到 $g \in [l_a, l_{a+1})$,所以灰度值 g 将被映射为 $color_a$。定理得证。

定理 7-1 表明颜色的映射关系可以通过计算 $\left\lfloor \dfrac{g}{2^{q-t}} \right\rfloor$ 来代替查找颜色查找表的操作,因此,颜色查找表的第一个字段可以忽略,表 7-1 可以简化为表 7-2。在经典图像处理中"$color_0, color_1, \cdots, color_{T-1}$"称为色图。因此经典密度分层算法总结为算法 7-1。

表 7-2　简化的颜色查找表,即色图

$color_0$	$color_1$	$\cdots$	$color_{T-1}$

算法 7-1　经典密度分层算法

输入：

灰度图像信息 I；

色图信息 $color_0, color_1, \cdots, color_{T-1}$。

输出：

伪彩色编码图像。

步骤：

(1) 对于所有的像素 $I(x, y)$ 执行步骤(2)和步骤(3)；

(2) 计算 $a = \left\lfloor \dfrac{I(x, y)}{2^{q-t}} \right\rfloor$；

(3) 改变 $I(x, y)$ 为 $color_a$；

(4) 算法结束。

7.2　量子色图

使用量子计算机实现伪彩色编码方案,首先需要将图像和色图都存储在量子计算机上。因此需要两种量子数据结构,一种用来表示量子图像;另一种用来表示量子色图。表示量子图像的数据结构采用 GQIR 即可,其原理等已在第 3 章中详述,下面介绍量子色图这一数据结构。

7.2.1　量子色图表示

用 $q+t$ 个量子比特表示 2^q 深度的量子色图,其中 q 个量子比特 $|C_Z\rangle=|C_Z^0 C_Z^1 \cdots C_Z^{q-1}\rangle$ 表示颜色信息,t 个量子比特 $|Z\rangle=|z_0 z_1 \cdots z_{t-1}\rangle$ 表示位置信息。整个色图信息存储于两个量子序列的叠加态上。量子色图的表示方法为

$$|M\rangle = \frac{1}{\sqrt{2}^t}\left[\sum_{Z=0}^{2^t-1} \bigotimes_{i=0}^{q-1} |C_Z^i\rangle\,|Z\rangle\right]$$

$$|Z\rangle = |z_0 z_1 \cdots z_{t-1}\rangle, \quad Z_i \in \{0,1\}$$

$$|C_Z\rangle = |C_Z^0 C_Z^1 \cdots C_Z^{q-1}\rangle, \quad C_Z^i \in \{0,1\} \tag{7-3}$$

图 7-4 给出了一个色图的例子和它的 QCR 表示,其中 $q=24,t=2$。

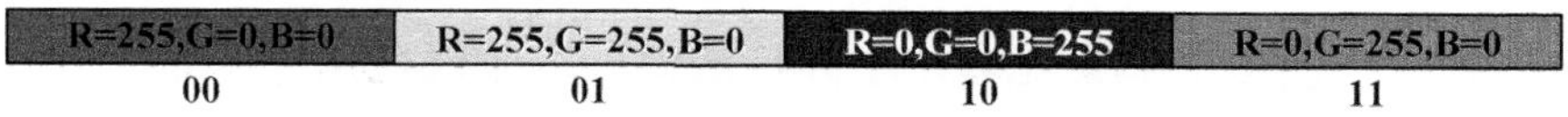

R=255,G=0,B=0	R=255,G=255,B=0	R=0,G=0,B=255	R=0,G=255,B=0
00	01	10	11

$|M\rangle = \frac{1}{2}(|11111111\ 00000000\ 00000000\rangle \otimes |00\rangle + |11111111\ 11111111\ 00000000\rangle \otimes |01\rangle$
$+ |00000000\ 00000000\ 11111111\rangle \otimes |10\rangle + |00000000\ 11111111\ 00000000\rangle \otimes |11\rangle)$

图 7-4　一个简单色图的例子及其 QCR 表示

7.2.2　QCR 的制备

使用量子色图之前,首先要将其存储在量子计算机中,7.2.1 节讨论过,QCR 需要 $q+t$ 个量子比特位表示一个量子色图信息。因此首先要准备 $q+t$ 个量子比特位,初始化为量子态 $|0\rangle$。即

$$|\psi\rangle_0 = |0\rangle^{\otimes q+t} \tag{7-4}$$

QCR 的制备工作程序主要包括以下两个步骤,下面将分别对其进行讨论。

(1) 步骤 1: 使用恒等门(I)和 Hadamard 门(H)将初始态 $|\psi\rangle_0$ 转换为中间态 $|\psi\rangle_1$,$|\psi\rangle_1$ 为一个空色图。

在这步中,转换操作可以用 u_1 表示。

$$u_1 = I^{\otimes q} \bigotimes H^{\otimes t} \tag{7-5}$$

恒等变换操作的张量积变换用 $I^{\otimes q}$ 表示,哈达玛矩阵的张量积操作用 $H^{\otimes t}$ 表示。在初始态 $|0\rangle^{\otimes q+t}$ 上进行 $u_1 = I^{\otimes q} \bigotimes H^{\otimes t}$ 操作可以得到中间态 $|\psi\rangle_1$。

$$
\begin{aligned}
u_1(|\psi\rangle_0) &= (I|0\rangle)^{\otimes q} \bigotimes (H|0\rangle)^{\otimes t} \\
&= |0\rangle^{\otimes q} \bigotimes \left(\frac{1}{\sqrt{2^t}} \sum_{Z=0}^{2^t-1} |Z\rangle \right) \\
&= \frac{1}{\sqrt{2^t}} \sum_{Z=0}^{2^t-1} |0\rangle^{\otimes q} |Z\rangle \\
&= |\psi\rangle_1
\end{aligned} \tag{7-6}
$$

简单来说,恒等门的作用是维持原始量子比特的态不变,而哈达玛门的作用是使量子态 $|0\rangle$ 和 $|1\rangle$ 等概率发生。经过两个门的作用,就得到了空白的色图。

(2) 步骤 2: 设置色图中的各个颜色值。

由于色图中包含 2^t 种颜色,因此步骤 2 可以划分为 2^t 个子操作来存储所有信息。对于第 Z 个颜色,量子操作 u_Z 如式(7-7)所示:

$$u_Z = \left[I \otimes \sum_{i=0, i \neq Z}^{2^t-1} |i\rangle\langle i| \right] + \Omega_Z \bigotimes |Z\rangle\langle Z| \tag{7-7}$$

在式(7-7)中,Ω_Z 用来设置第 Z 个颜色的值。由于颜色用 q 个量子比特表示,因此 Ω_Z 可进一步分为 q 个子操作:

$$\Omega_Z = \bigotimes_{i=0}^{q-1} \Omega_Z^i \tag{7-8}$$

其中,Ω_Z^i 用来设置第 Z 个颜色中第 i 个比特位的值:

$$\Omega_Z^i : |0\rangle \rightarrow |0 \oplus C_Z^i\rangle \tag{7-9}$$

其中,$\oplus$ 是异或操作。式(7-9)中,如果 $C_Z^i = 1$,则 $\Omega_Z^i : |0\rangle \rightarrow |1\rangle$,是一个 t-CNOT 门(一个拥有 t 个控制位的受控非门),这 t 个控制位即 Z 表示对第 Z 种颜色进行设置;如果 $C_Z^i = 0$,则 $\Omega_Z^i : |0\rangle \rightarrow |0\rangle$,此时它相当于一个恒等变换门,可以省略。因此,$\Omega_Z$ 可表示为

$$\Omega_Z |0\rangle^{\otimes q} = \bigotimes_{i=0}^{q-1} (\Omega_Z^i |0\rangle) = \bigotimes_{i=0}^{q-1} |0 \oplus C_Z^i\rangle = \bigotimes_{i=0}^{q-1} |C_Z^i\rangle \tag{7-10}$$

将 u_Z 作用于 $|\psi\rangle_1$,可以将第 Z 个颜色设置为想要的值:

$$u_Z(|\psi\rangle_1) = u_Z\left(\frac{1}{\sqrt{2^t}}\sum_{i=0}^{2^t-1}|0\rangle^{\otimes q}|i\rangle\right)$$

$$= \frac{1}{\sqrt{2^t}}u_Z\left[\sum_{i=0, i\neq Z}^{2^t-1}|0\rangle^{\otimes q}|i\rangle + |0\rangle^{\otimes q}|Z\rangle\right]$$

$$= \frac{1}{\sqrt{2^t}}\left[\sum_{i=0, i\neq Z}^{2^t-1}|0\rangle^{\otimes q}|i\rangle + \Omega_Z|0\rangle^{\otimes q}|Z\rangle\right] \tag{7-11}$$

$$= \frac{1}{\sqrt{2^t}}\left[\sum_{i=0, i\neq Z}^{2^t-1}|0\rangle^{\otimes q}|i\rangle + \bigotimes_{i=0}^{q-1}|C_Z^i\rangle|Z\rangle\right]$$

最终的量子态$|\psi\rangle_2$是通过u_z对于中间态$|\psi\rangle_1$进行2^t次操作所得,表示将色图中所有2^t种颜色都设置为想要的值。

$$u_2 = \prod_{Z=0}^{2^t-1}u_Z \tag{7-12}$$

$$u_2(|\psi\rangle_1) = \frac{1}{\sqrt{2^t}}\sum_{Z=0}^{2^t-1}\Omega_Z|0\rangle^{\otimes q}|Z\rangle$$

$$= \frac{1}{\sqrt{2^t}}\sum_{Z=0}^{2^t-1}\bigotimes_{i=0}^{q-1}|C_Z^i\rangle|Z\rangle) \tag{7-13}$$

$$= |\psi\rangle_2$$

总的来说,步骤 2 使用若干个 t-CNOT 门完成将 2^t 种颜色更改为预先想要达到的值。步骤 1 和步骤 2 完成后,量子色图的准备工作就全部完成了。图 7-5 给

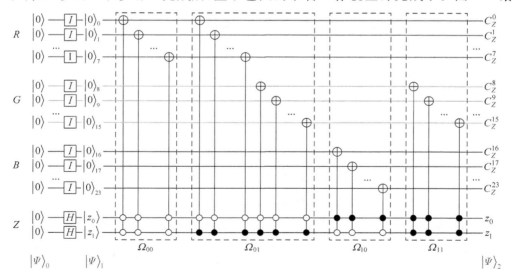

图 7-5 图 7-4 所示色图的 QCR 制备线路

出了图 7-4 所示色图的 QCR 制备线路。图 7-4 所示色图中有 4 种颜色信息。因此需要 4 个 Ω_Z 操作：Ω_{00}，Ω_{01}，Ω_{10}，Ω_{11}，分别用来设置这 4 个颜色。

7.3　量子伪彩色处理编码方案

本节所讨论的量子伪彩色编码方案需要两个输入（原始的灰度图像和色图），并产生一个输出（伪彩色编码图像）。

7.3.1　量子算法

上文所述的算法 7-1 并不能够直接应用于量子计算机上，因为用计算得到的值 a 做控制位去获得颜色 color_a 很困难。为了解决这个问题，首先需要给出量子版本的密度分层法。

【定理 7-2】　假设一个整数 $g \in [0, 2^q - 1]$ 的二进制表示形式为 $g_0 \cdots g_{t-1} g_t \cdots g_{q-1}$，$g_i \in \{0, 1\}$。因 $a = \left\lfloor \dfrac{g}{2^{q-t}} \right\rfloor$，那么 a 的二进制表示形式为 $g_0 \cdots g_{t-1}$。

证明：整数 $g \in [0, 2^q - 1]$ 的二进制表示形式为 $g_0 \cdots g_{t-1} g_t \cdots g_{q-1}$，$g_i \in \{0, 1\}$，那么

$$g = g_0 2^{q-1} + \cdots + g_{t-1} 2^{q-t} + g_t 2^{q-t-1} + \cdots + g_{q-1} 2^0$$

因此

$$\frac{g}{2^{q-t}} = g_0 2^{t-1} + \cdots + g_{t-1} 2^0 + g_t 2^{-1} + \cdots + g_{q-1} 2^{-(q-t)}$$

因为 a 是 $\dfrac{g}{2^{q-t}}$ 的整数部分，所以

$$a = g_0 2^{t-1} + \cdots + g_{t-1} 2^0$$

即 a 的表示形式为 $g_0 \cdots g_{t-1}$。定理得证。

定理 7-2 表明如果像素的灰度值信息为 $g = g_0 \cdots g_{t-1} g_t \cdots g_{q-1}$，相应的色图有 $T = 2^t$ 种颜色，那么像素必然可以改变为色图中的第 $g_0 \cdots g_{t-1}$ 种颜色。根据 GQIR 和 QCR 表示，如果 $C_{YX}^0 = z_0$，$C_{YX}^1 = z_1$，$\cdots$，$C_{YX}^{t-1} = z_{t-1}$，那么像素的颜色值将从 C_{YX} 变为 C_Z，即当像素 (Y, X) 灰度值的前 t 个比特为 $z_0 z_1 \cdots z_{t-1}$ 时，灰度值 C_{YX} 映射为色图中第 Z 个颜色值 C_Z。因此，算法 7-1 可以转换为它的量子版本，其中输入和

输出信息可以如下表示。

（1）灰度图像$|I\rangle$

$$|I\rangle = \frac{1}{\sqrt{2}^{h+w}}\left(\sum_{Y=0}^{H-1}\sum_{X=0}^{W-1}\bigotimes_{i=0}^{p-1}|C_{YX}^i\rangle|i\rangle\right)$$

$$|i\rangle = |YX\rangle = |Y\rangle|X\rangle = |y_0 y_1 \cdots y_{h-1}\rangle|x_0 x_1 \cdots x_{w-1}\rangle, y_i x_i \in \{0,1\}$$

$$|C_{YX}\rangle = |C_{YX}^0 C_{YX}^1 \cdots C_{YX}^{p-1}\rangle, C_{YX}^i \in \{0,1\}$$

$$(7\text{-}14)$$

（2）色图$|M\rangle$

$$|M\rangle = \frac{1}{\sqrt{2}^t}\left(\sum_{Z=0}^{2^t-1}\bigotimes_{i=0}^{q-1}|C_Z^i\rangle|Z\rangle\right)$$

$$|Z\rangle = |z_0 z_1 \cdots z_{t-1}\rangle, Z_i \in \{0,1\}$$

$$|C_Z\rangle = |C_Z^0 C_Z^1 \cdots C_Z^{q-1}\rangle, C_Z^i \in \{0,1\}$$

$$(7\text{-}15)$$

（3）输出图像$|J\rangle$

$$|J\rangle = \frac{1}{\sqrt{2}^{h+w}}\left(\sum_{Y=0}^{H-1}\sum_{X=0}^{W-1}\bigotimes_{i=0}^{q-1}|D_{YX}^i\rangle|i\rangle\right)$$

$$|i\rangle = |YX\rangle = |Y\rangle|X\rangle = |y_0 y_1 \cdots y_{h-1}\rangle|x_0 x_1 \cdots x_{w-1}\rangle, y_i x_i \in \{0,1\}$$

$$|D_{YX}\rangle = |D_{YX}^0 D_{YX}^1 \cdots D_{YX}^{q-1}\rangle, D_{YX}^i \in \{0,1\}$$

$$(7\text{-}16)$$

算法 7-2 量子密度分层算法

输入：

    灰度图像信息$|I\rangle$，颜色深度值为2^p，尺寸大小$H\times W$；

    色图信息$|M\rangle$，颜色深度值为2^q，尺寸大小2^t。

输出：

    伪彩色编码图像$|J\rangle$，颜色深度值为2^q，尺寸大小$H\times W$。

步骤：

    （1）准备q个量子比特，作为$|D_{YX}\rangle$，并将它们都初始化为$|0\rangle$态；

    （2）如果$C_{YX}^0 == z_0, C_{YX}^1 == z_1, \cdots C_{YX}^{t-1} == z_{t-1}$；

    （3）设置$D_{YX} = C_Z$；

    （4）结束。

7.3.2 量子伪彩色编码的实现

根据算法 7-2,本节给出量子伪彩色编码方案的量子线路实现。首先定义一个基本操作:

$$W_1 = \bigotimes_{i=0}^{t-1} W_1^i \tag{7-17}$$

其中

$$W_1^i : |C_{YX}^i\rangle \rightarrow |C_{YX}^i \oplus z_i\rangle \tag{7-18}$$

W_1^i 是一个受控非门,$|z_i\rangle$ 是控制比特,$|C_{YX}^i\rangle$ 是目标比特。如果 $C_{YX}^i == z_i$,目标比特的值为 $|C_{YX}^i \oplus z_i\rangle = |0\rangle$。也就是说,如果满足条件 $C_{YX}^0 == z_0$,$C_{YX}^1 == z_1$,$\cdots$,$C_{YX}^{t-1} == z_{t-1}$,那么

$$W_1 |C_{YX}^0 C_{YX}^1 \cdots C_{YX}^{t-1}\rangle = |0\rangle^{\otimes t} \tag{7-19}$$

即 W_1 的作用是判断 $C_{YX}^0 == z_0$,$C_{YX}^1 == z_1$,$\cdots$,$C_{YX}^{t-1} == z_{t-1}$ 条件是否成立,如果该条件成立,则 $C_{YX}^0 C_{YX}^1 \cdots C_{YX}^{t-1}$ 全变为 $|0\rangle$ 态。

在第一个定义的基础上,定义第二个操作

$$W_2 : |0\rangle \rightarrow |0 \oplus (\overline{C_{YX}^0} \ \overline{C_{YX}^1} \cdots \overline{C_{YX}^{t-1}})\rangle \tag{7-20}$$

这是一个 t-CNOT 门,$\overline{C_{YX}^0 C_{YX}^1} \cdots \overline{C_{YX}^{t-1}}$ 是控制比特位,辅助比特 $|0\rangle$ 是目标比特。之后的描述中,称辅助比特为 $|f\rangle$。如果 $|C_{YX}^0 C_{YX}^1 \cdots C_{YX}^{t-1}\rangle = |0\rangle^{\otimes t}$,$W_2 : |0\rangle \rightarrow |0 \oplus 1\rangle = |1\rangle$,即 $|f\rangle$ 从 $|0\rangle$ 翻转到 $|1\rangle$ 态;否则 $W_2 : |0\rangle \rightarrow |0 \oplus 0\rangle = |0\rangle$,即保持之前的状态。可见如果 $|f\rangle$ 最终变为 $|1\rangle$ 态,则意味着算法 7-2 中的条件成立。

定义第三个操作:

$$W_3 = \bigotimes_{i=0}^{q-1} W_3^i \tag{7-21}$$

其中

$$W_3^i : |D_{YX}^i\rangle = |0\rangle \rightarrow |0 \oplus (C_z^i f)\rangle = |C_z^i f\rangle \tag{7-22}$$

W_3^i 是 2-CNOT 门,$|C_z^i\rangle$ 和 $|f\rangle$ 是控制比特,$|D_{YX}^i\rangle$ 是目标比特。如果 $|f\rangle = |1\rangle$,$W_3^i : |0\rangle \rightarrow |C_z^i\rangle$,即 $|D_{YX}^i\rangle$ 的值将被转换为 $|C_z^i\rangle$;否则 $W_3^i : |0\rangle \rightarrow |0\rangle$,即 $|D_{YX}^i\rangle$ 的值将保持为 $|0\rangle$。也就是说,如果 $|f\rangle = |1\rangle$,

$$W_3 |0\rangle^{\otimes q} = |C_z^0 C_z^1 \cdots C_z^{q-1}\rangle \tag{7-23}$$

这样,新的颜色信息 $|D_z^0 D_z^1 \cdots D_z^{q-1}\rangle$ 就设置为所要变换的伪彩色的颜色了。操作 $W_1 \sim W_3$ 实现了算法 7-2 中的步骤(2)~步骤(4),如图 7-6 所示。

基于以上操作,密度分层法的量子伪彩色编码方案实现如图 7-7 所示。

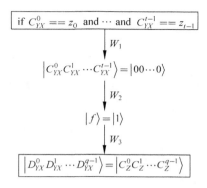

图 7-6　$W_1 \sim W_3$ 的作用

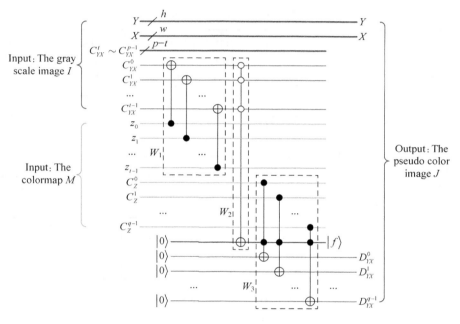

图 7-7　伪彩色处理量子线路

7.3.3　复杂度分析

  量子伪彩色编码方案优于经典实现方法的主要优势在于它需要更少的存储空间,并且计算效率上更高效。这些优势和量子信息处理的特殊性质密切相关,主要利用了量子运算中叠加态和纠缠态在计算上对并行性的支持。下面从时间和空间两个方面对其进行复杂度分析。

1. 空间复杂度

空间复杂度意味着一幅图像存储在计算中需要的存储单元的多少。在经典计算机中，一个尺寸 $H \times W$ 和颜色深度 2^q 的图像需要 $H \times W \times q$ 个比特，因为它拥有 $H \times W$ 个像素，并且每个像素需要 q 个比特表示。然而在量子计算机中，根据 GQIR 表示方法，同样的图像仅仅需要 $\lceil \log_2 H \rceil + \lceil \log_2 W \rceil + q$ 个量子比特。表 7-3 给出了 16 个例子，列举了在经典数字图像处理中常用的图像尺寸，能够明显看出，从经典计算机到量子计算机，存储一个图像的空间复杂度显著减小。

表 7-3　图像的空间复杂度

H	W	q	经典计算机所需比特 $H \times W \times q$	量子计算机所需比特 $\lceil \log_2 H \rceil + \lceil \log_2 W \rceil + q$
640	480	8	2 457 600	27
1280	720	8	7 372 800	29
2048	1152	8	18 874 368	30
2048	1536	8	25 165 824	30
2592	1944	8	40 310 784	31
2816	2112	8	47 579 136	32
3264	1836	8	47 941 632	31
3264	2448	8	63 922 176	32
640	480	24	7 372 800	43
1280	720	24	22 118 400	45
2048	1152	24	56 623 104	46
2048	1536	24	75 497 472	46
2592	1944	24	120 932 352	47
2816	2112	24	142 737 408	48
3264	1836	24	143 824 896	47
3264	2448	24	191 766 528	48

色图方面有一个相似的例子。一个经典的色图需要 $T \times q$ 个比特，和量子计算机需要 $t + q$ 个比特相比有显著的差距，其中 $T = 2^t$，并且色图的灰度值范围为 2^q。

经典的伪彩色编码算法(算法 7-1)中，除了输入信息，只需要一个辅助变量 a。假设 a 也需要 q 比特表示，则经典算法的空间复杂度为

$$(H \times W \times q) + (2^t \times q) + q = (HW + 2^t + 1)q \tag{7-24}$$

量子伪彩色编码方案的空间复杂度可以从图7-7中计算得到,为

$$(\lceil \log_2 H \rceil + \lceil \log_2 W \rceil + p) + (t + q) + 1 + q \tag{7-25}$$

2. 时间复杂度

时间复杂度是指一个算法执行所需要消耗的时间。同样的一个算法在不同的计算机上消耗的时间是有差别的,因为不同计算机的硬件配置并不一定相同。为了忽略物理设备的影响,经典计算机中,时间复杂度用算法执行所需的步数来描述;在量子计算机中,时间复杂度以逻辑门的数量计算,因此又可以称为网络复杂度。

经典伪彩色处理算法(算法7-1)中,一个像素一个像素地改变图像颜色,对每一个像素需要完成两个操作(算法7-1中的步骤(2)和步骤(3)),因此,时间复杂度为

$$2HW \tag{7-26}$$

量子计算机中,网络复杂度依赖于其构建线路中的基本逻辑门的个数。根据图7-7,W_1操作的线路复杂度是t;W_2的线路复杂度是$12t-9$(如果$t>2$)或$6t+2$(如果$t=2$)或3(如果$t=1$);W_3的线路复杂度是$6q$。也就是说,量子伪彩色编码算法的线路复杂度为

$$\begin{cases} t + (12t - 9) + 6q = 13t + 6q - 9, & \text{if } t > 2 \\ t + (6t + 2) + 6q = 7t + 6q + 2, & \text{if } t = 2 \\ t + 3 + 6q = t + 6q + 3, & \text{if } t = 1 \end{cases} \tag{7-27}$$

表7-4给出一些时间复杂度的例子。其中待处理图像的尺寸是$H \times W$,色图颜色2^t,并且有2^q的灰度范围。

表 7-4 伪彩色编码算法的时间复杂度

H	W	经典计算机中复杂度$2HW$	t	q	量子计算机中复杂度公式(7-27)
640	480	614 400	1	24	148
1280	720	1 843 200	2	24	160
2048	1152	4 718 592	3	24	174
2048	1536	6 291 456	4	24	187
2592	1944	10 077 696	5	24	200
2816	2112	11 894 784	6	24	213
3264	1836	11 985 408	7	24	226
3264	2448	15 980 544	8	24	239

7.3.4 量子伪彩色处理的例子

本节通过若干个例子进一步说明量子伪彩色算法。

1. 例 1: 量子伪彩色线路和复杂度的进一步说明

图 7-8 中, $p=8,H=1,W=3,h=1,w=2,t=2$ 以及 $q=24$。图 7-9 给出了图 7-8 伪彩色编码的量子线路。

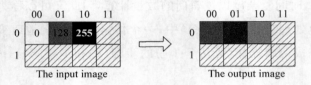

图 7-8 伪彩色编码效果图

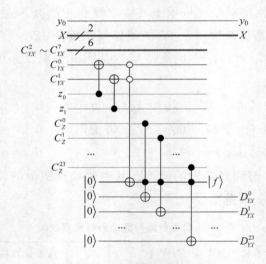

图 7-9 量子伪彩色编码线路

根据式(7-25),此算法空间复杂度为

$$(h+w+p)+(t+q)+1+q = 62$$

根据式(7-27),此算法的时间复杂度为

$$7t+6q+2 = 160$$

2. 例 2: 效果展示

色图是人工构建的,不同的色图将产生不同的效果。色图的不同主要体现在

两个方面：颜色的数量和颜色的值。

一般来说，色图拥有的颜色越多，输出图像的质量就越高，因为数量多的颜色可以更好更细致地表达图像信息。图 7-10 分别给出了 64 种颜色的 4 种颜色色图的函数转换曲线，同时也给出了它们输出的效果图像。在函数转换曲线中，X 轴坐标代表待处理的灰度信息，Y 轴坐标值代表颜色组成（红、绿、蓝），即给出了色图中灰度值信息和彩色颜色信息之间的函数变化曲线。很清晰地看出在 4 种颜色的伪彩色图像中，原始图像的颜色深度效应消失了。

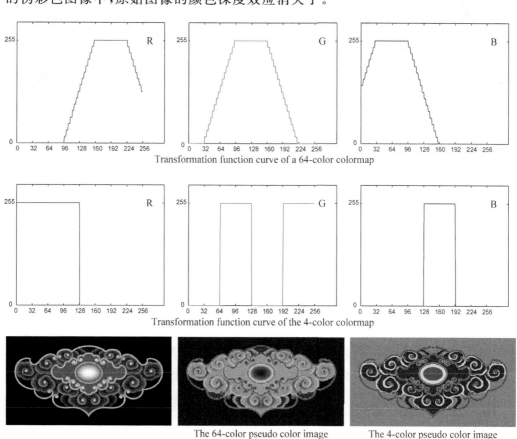

Transformation function curve of a 64-color colormap

Transformation function curve of the 4-color colormap

The 64-color pseudo color image　　　The 4-color pseudo color image

图 7-10　色图颜色数量的影响

色图中颜色的值也影响着输出图像。图 7-11 展示了两个例子。第一个图像的尺寸为 256×512；第二个为 300×286。第一个例子中，不同的色图产生不同的艺术效果。第二个例子中，不同色图用不同的方式高亮显示血管和血液流动方式。当然用户还可以根据实际应用环境的需要定制自己的色图。

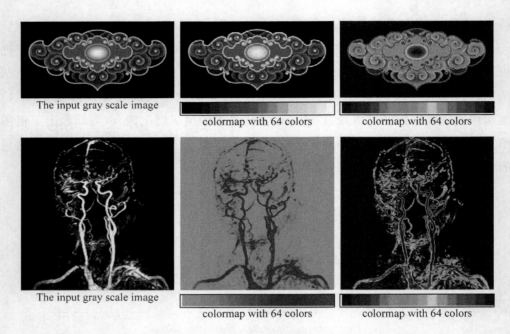

The input gray scale image

colormap with 64 colors

colormap with 64 colors

The input gray scale image

colormap with 64 colors

colormap with 64 colors

图 7-11 伪彩色编码处理效果示例图

7.4 本章小结

本章提出了基于密度分层法的量子伪彩色编码方案,主要包括以下几个方面的内容:

通过分析经典的伪彩色编码原理,并结合量子计算的特性,提出完成量子算法所需要的数据结构。主要利用 GQIR 和 QCR 两种数据结构。其中 GQIR 用来表示量子图像信息,QCR 用来表示量子色图信息。QCR 用 $q+t$ 个 bit 存储色图的 2^t 种颜色,颜色的深度为 2^q。

通过对经典伪彩色算法的改进,提出适用于量子计算机的伪彩色算法,将改进的伪彩色编码算法方案移植到量子计算机中,分析设计并完成相应的量子线路,研究表明,基于密度分层的量子伪彩色编码算法在时间和空间复杂性上都比经典算法有显著的优越性。

第8章

量子信息隐藏

本章给出两个量子信息隐藏算法,一个是量子 LSB 信息隐藏[67];另一个是基于莫尔条纹的量子图像信息隐藏[66]。

8.1　量子 LSB 信息隐藏

8.1.1　经典 LSB 信息隐藏

经典 LSB 算法最早在 1993 年,由 A. Z. Tirkel 等人提出[81]。该算法的原理是用待隐藏的信息去替代载体的最低比特位(Least Significant Bit,LSB)。所谓最低比特位,即每个字节中权重最小的那个比特位。图 8-1 以颜色值 154 为例,给出 LSB 的一个例子。由于 $(154)_{10} = (10011010)_2$,因此最右边的 0 就是最低比特位,相应地,最左边的 1 称为最高比特位。如果待隐藏的信息为 1,则只需将最低比特位由 0 变为 1,颜色值也就由 154 转变为 155;如果待隐藏的信息为 0,则什么都不用做。

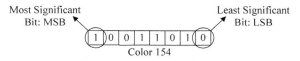

图 8-1　LSB 的一个例子

LSB 隐写术易于实施,能保证一定的隐藏量,并且靠肉眼难以发现,因此得到了广泛应用。

8.1.2 量子 LSB 信息隐藏

假定载体为一个大小为 $2^n \times 2^n$,色深为 2^q 的量子图像 $|I\rangle$,称为载体图像。待隐藏信息为一个 $2^n \times 2^n$ 的二进制图像 $|M\rangle$,称为消息图像。则它们的 GQIR 表示形式分别如下:

$$|I\rangle = \frac{1}{2^n} \sum_{i=0}^{2^{2n}-1} |c_i\rangle \otimes |i\rangle$$

$$|c_i\rangle = |c_i^{q-1} \cdots c_i^1 c_i^0\rangle, \quad c_i^k \in \{0,1\}$$

$$|M\rangle = \frac{1}{2^n} \sum_{i=0}^{2^{2n}-1} |m_i\rangle \otimes |i\rangle, \quad m_i \in \{0,1\}$$

图 8-2 给出 LSB 的嵌入电路。在该电路中,用 $2n$ 个 CNOT 门来判断 $|I\rangle$ 的坐标和 $|M\rangle$ 的坐标是否相同。如果相同,则消息图像 $|M\rangle$ 的位置信息将被改为全 $|0\rangle$ 态,此时交换载体图像 $|I\rangle$ 中的最低比特位 $|c_i^0\rangle$ 与消息图像 $|M\rangle$ 中的颜色 $|m_i\rangle$,从而得到含隐藏信息的新图像 $|I'\rangle$。

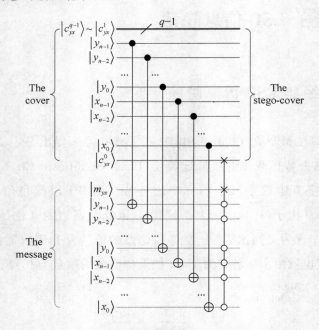

图 8-2 量子 LSB 嵌入电路

图 8-3 给出 LSB 的提取电路,相当于从全 $|0\rangle$ 的初始态开始制备一个消息图像。首先,用 $2n$ 个 Hadamard 门将消息图像中的所有位置信息由 $|0\rangle$ 变成 $|0\rangle$ 和 $|1\rangle$ 叠加存储的情况,即产生一个空的消息图像。然后再用 $2n$ 个 CNOT 门来判断 $|I\rangle$ 的坐标和 $|M\rangle$ 的坐标是否相同。如果相同,则载体图像 $|I\rangle$ 的位置信息将被改为全 $|0\rangle$ 态,此时交换载体图像 $|I\rangle$ 中的最低比特位 $|c_i^0\rangle$ 与消息图像 $|M\rangle$ 中的颜色 $|m_i\rangle$,从而得到消息图像 $|M\rangle$。

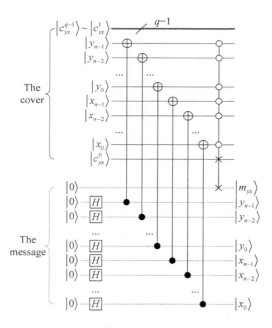

图 8-3 量子 LSB 提取电路

以 128×128 的 Lena 图像为例(如图 8-4(a)所示),消息图像是一个 128×128 的二进制图像。肉眼无法识别含隐藏信息的载体图像与原始载体图像之间的差别。

(a)载体图像　　　　(b)消息图像　　　　(c)含隐藏信息的载体图像

图 8-4 量子 LSB 信息隐藏的例子

8.1.3 量子 LSB 分块信息隐藏

量子 LSB 信息隐藏比较简单,但是鲁棒性不好,许多常见的图像处理方法,如滤波、加噪、压缩等,都可以很容易将隐藏的信息去掉。另外,通过查看载体的最低位平面图像,攻击者可以很容易地发现载体中是否隐藏有信息,并将信息图像提取出来。因此,为提高 LSB 的健壮性和不可检测性,提出了量子 LSB 分块信息隐藏方案。这种新的方法将载体图像分为图像块,每个图像块中隐藏一个比特的消息。事实上,8.1.2 节给出的量子 LSB 信息隐藏算法可看作一个特殊的分块 LSB,此时每个图像块的大小为 1×1 像素。

1. 量子图像分块方法

基于 GQIR 量子图像表示方法,能方便地对图像分块。如果部分位置信息被设定为特定的值,则一些像素将被挑选出来。以图 8-5 为例,这是一个 2×2 的 GQIR 图像,每个像素中第一行数字表示该像素的二进制颜色值,第二行数字表示该像素的二进制坐标。4 个像素的坐标 $|y_0 x_0\rangle$ 分别为 00、01、10、11,如果 $|y_0\rangle$ 被限制为 $|1\rangle$,则底部的两个像素将被挑选出来。具体到量子线路中,用 $|y_0\rangle$ 做控制位,当该控制位的控制值为 1 时,量子线路将对底部的两个像素进行处理。

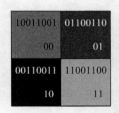

图 8-5 一个 2×2 的 GQIR 图像

量子 LSB 分块信息隐藏方案中,将 $2^n \times 2^n$ 的图像分成 $2^{n-p_1} \times 2^{n-p_2}$ 个大小为 $2^{p_1} \times 2^{p_2}$ 的块,其中 $p_1, p_2 \in \{0, 1, \cdots, n\}$,且定义 $p = p_1 + p_2$。相应地,将图像的位置信息 $|Y\rangle$ 和 $|X\rangle$ 均分割成两部分,即 $|y_{n-1} y_{n-2} \cdots y_{p_1}\rangle$ 和 $|y_{p_1-1} \cdots y_1 y_0\rangle$、$|x_{n-1} x_{n-2} \cdots x_{p_2}\rangle$ 和 $|x_{p_2-1} \cdots x_1 x_0\rangle$。我们将 $|y_{n-1} y_{n-2} \cdots y_{p_1}\rangle$ 和 $|x_{n-1} x_{n-2} \cdots x_{p_2}\rangle$ 称为外部坐标。这样命名的原因是,当为 $|y_{n-1} y_{n-2} \cdots y_{p_1}\rangle$ 和 $|x_{n-1} x_{n-2} \cdots x_{p_2}\rangle$ 指定确定的值之后,就对应原始图像中一个大小为 $2^{p_1} \times 2^{p_2}$ 的图像块。换句话说,如果以图像块为单位,则 $|y_{n-1} y_{n-2} \cdots y_{p_1} x_{n-1} x_{n-2} \cdots x_{p_2}\rangle$ 就是块间坐标。因此图像块 $B_{k,l}$ 可以定义为

$$|k\rangle = |y_{n-1} y_{n-2} \cdots y_{p_1}\rangle, \quad |l\rangle = |x_{n-1} x_{n-2} \cdots x_{p_2}\rangle$$

将 $|y_{p_1-1} \cdots y_1 y_0\rangle$ 和 $|x_{p_2-1} \cdots x_1 x_0\rangle$ 称为内部坐标,或者块内坐标。

2. 块嵌入过程

块嵌入过程是将载体图像分割成 $2^{n-p_1} \times 2^{n-p_2}$ 个大小为 $2^{p_1} \times 2^{p_2}$ 的块,每一个

图像块中隐藏一个比特的消息,该消息被重复 $2^{p_1} \times 2^{p_2} = 2^p$ 次嵌入图像块的每一个像素中。消息图像是一个 $2^{n-p_1} \times 2^{n-p_2}$ 的二进制图像,颜色信息用 $|m_{k,l}\rangle$ 表示,其中 $m_{k,l} \in \{0,1\}$,$k = y_{n-1}y_{n-2} \cdots y_{p_1}$,$l = x_{n-1}x_{n-2} \cdots x_{p_2}$。

块嵌入过程的具体过程分为 3 步。

第 1 步:置乱。置乱是为了让含隐藏信息的载体图像的最低位平面看上去类似噪声,以增强算法的不可检测性。图 8-6 显示了置乱后的效果。如果不进行置乱操作,含隐藏信息的载体图像的最低位平面就是消息图像,攻击者可以毫不费劲地找到这个信息。置乱使得含隐藏信息的载体图像的最低位平面更像噪声,这就不容易引起攻击者的注意。

(a) 未经置乱的载体　(b) (a)的最低位平面　(c) 经过置乱的载体　(d) (c)的最低位平面

图 8-6　置乱的作用

第 2 步:分块嵌入。如果图像 $|I\rangle$ 的位置信息 $|y_{n-1}y_{n-2} \cdots y_{p_1} x_{n-1}x_{n-2} \cdots x_{p_2}\rangle$ 与图像 $|M\rangle$ 的位置信息相同,则交换 $|I\rangle$ 的最低比特位 $|c_i^0\rangle$ 和 $|M\rangle$ 的信息位 $|m_{kl}\rangle$。

第 3 步:逆置乱。运用逆置乱电路使得图像从置乱后的图像恢复到原来的图像。

块嵌入电路如图 8-7 所示。它与图 8-2 所示的量子 LSB 嵌入电路在原理上是类似的,不同主要体现在以下两点:

- 嵌入前后增加了置乱和逆置乱操作,以增强算法的不可检测性。
- 嵌入时,用 $2n-p$ 个 CNOT 门判断图像 $|I\rangle$ 的位置信息 $|y_{n-1}y_{n-2} \cdots y_{p_1}, x_{n-1}x_{n-2} \cdots x_{p_2}\rangle$ 与图像 $|M\rangle$ 的位置信息是否相同,即只对载体图像 $|I\rangle$ 的部分位置信息进行操作,以实现分块重复嵌入。重复嵌入的目的是增强算法鲁棒性。例如,一个消息比特"1"被重复 4 次变为"1111"后嵌入载体中(即重复嵌入 4 次),如果提取出的消息为"1101",即第 3 个重复比特发生错误,仍然可以根据多数原则,将消息比特恢复为"1",这样就增强了算法的鲁棒性。

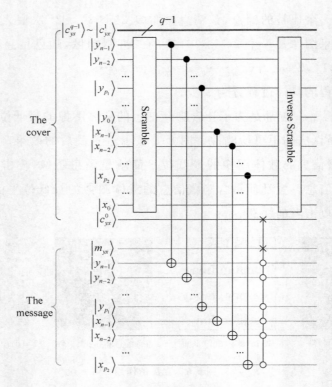

图 8-7　量子 LSB 分块嵌入线路

3. 块提取过程

由嵌入过程可知,每一比特消息被重复嵌入 2^p 次。因此需要设置一个多数原则来判断最终的消息比特:对一个图像块,获取块中的所有最低比特位,求所有这些最低比特位的和,即对其中的比特"1"计数,如果这个和大于或等于某个阈值,则消息位取 1,否则消息位取 0。

接下来介绍块提取的具体步骤:

第 1 步:置乱。这与块嵌入的方法相同。

第 2 步:分块。分块其实是一个控制线路,用来设置块间坐标 $|y_{n-1}y_{n-2}\cdots y_{p_1}x_{n-1}x_{n-2}\cdots x_{p_2}\rangle$ 的值。为了将图像分成 $2^{n-p_1}\times 2^{n-p_2}=2^{2n-p_1-p_2}$ 个块,该控制线路中有 $2^{2n-p_1-p_2}$ 个控制层,每个控制层的控制值分别为 $0,1,\cdots,2^{2n-p_1-p_2}-1$,对应每一个图像块。

第 3 步:计数。在此步骤中,将会使用计数器电路来计算每个块中所有像素的最低位平面的和,称此和为 d。

第 4 步：比较。将第 3 步中得到的和与某个阈值 T 相比较。如果 $d \geqslant T$，则消息位为 1，否则，消息位为 0。一般来讲，阈值 T 设置为图像块中像素个数的一半 2^{p-1}。

由以上步骤能够看出，提取算法中用到量子计数器和量子比较器。量子比较器在 5.2.2 节中已经介绍过，如果量子比较器的两个输入为最低位平面的和 d 以及阈值 T，则当 $e_0 = 0$ 时，表示 $d \geqslant T$；当 $e_0 = 1$ 时，表示 $d < T$。因此只要用一个非门将 e_0 翻转，就是要得到的消息位。

下面介绍量子计数器。量子计数器是由 Ma 等提出的[82]，如图 8-8 所示。$|b\rangle$ 是一个量子比特，$b \in \{0, 1\}$，$|a_{n-1} \cdots a_1 a_0\rangle$ 是初始值为 $|0 \cdots 00\rangle$ 的计数器。如果输入量子位 $|b\rangle$ 为 $|1\rangle$，则 $|a_{n-1} \cdots a_1 a_0\rangle$ 的值就增加 1，否则，$|a_{n-1} \cdots a_1 a_0\rangle$ 保持不变。

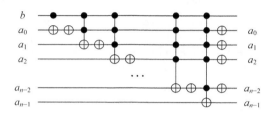

图 8-8　量子计数器

具体块提取电路如图 8-9 所示。

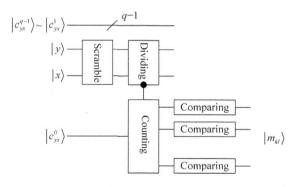

图 8-9　量子 LSB 分块提取电路

4. 一个例子

下面通过一个例子进一步说明量子 LSB 分块信息隐藏的嵌入和提取过程。这个例子的载体图像是一个简单的 4×4 图像，消息图像是一个含有 8 个比特位的二值图像，这 8 个比特（00110110）是"6"的 ASCII 码，如图 8-10 所示。这个例子中，$n = 2$，$p_1 = 0$，$p_2 = 1$。相应地，将载体图像分割为 8 个 1×2 的图像块。

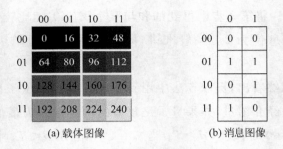

图 8-10　量子 LSB 分块信息隐藏的例子

该例子的量子 LSB 分块嵌入电路如图 8-11 所示。这个电路分为 3 部分,分别是置乱、嵌入、逆置乱。本例中所采用的置乱方法是量子 Hilbert 置乱(见 5.3 节)。

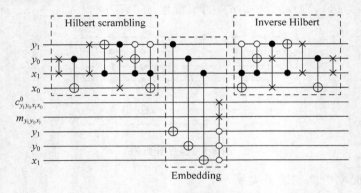

图 8-11　例子的嵌入线路

对这个例子,其 LSB 提取电路如图 8-12 所示。该电路分为 4 部分,分别是置乱、分块、计数、比较。

其中置乱操作必须与嵌入电路的置乱操作相同,即采用量子 Hilbert 置乱。

分块部分是一个控制电路,控制值分别为 000、001、010、$\cdots$、111,用来决定 $c^0_{y_1 y_0 x_1 x_0}$ 进入哪个计数器。例如,如果控制值为 000,则 $c^0_{000 x_0}$ 将与第一个辅助量子位 $|0\rangle$ 交换,然后进入第一个计数器。即该控制电路起到了分块的作用,这是因为 $c^0_{000 x_0}$ 对应两个像素的最低比特位,这两个像素的位置信息分别是 $|YX\rangle = |0000\rangle$ 和 $|YX\rangle = |0001\rangle$,也就是载体图像中左上角的那个 1×2 图像块。

计数部分用 $2^{n-p_1} \times 2^{n-p_2} = 8$ 个量子计数器分别统计每个图像块中最低比特位中 $|1\rangle$ 的个数。由于每个图像块都有 2 个像素,则 $a_{y_1 y_0 x_1}$ 的最大值是 2,其中 $|a_{y_1 y_0 x_1}\rangle = |a^1_{y_1 y_0 x_1} a^0_{y_1 y_0 x_1}\rangle$。

比较部分用 8 个量子比较器分别比较统计值与阈值的大小关系,本例中用的阈值 $T = 2$。如果 $|1\rangle$ 的个数大于等于 2,则比较器输出为 1,否则输出为 0。

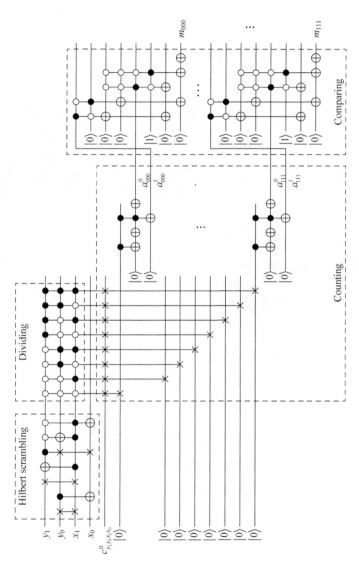

图 8-12 例子的提取线路

8.1.4　实验模拟与分析

信息隐藏有 3 个关键特征：不可见性、容量、鲁棒性。不可见性指的是，是否能从含有隐藏信息的载体中察觉出是否隐藏了信息。容量表示载体中可以容纳多少消息。鲁棒性表示含有隐藏信息的载体在经过处理之后，其中的消息是否还能提取出来。下面就针对这 3 个特征，给出实验分析。图 8-13 给出实验中用到的载体图像和消息图像。

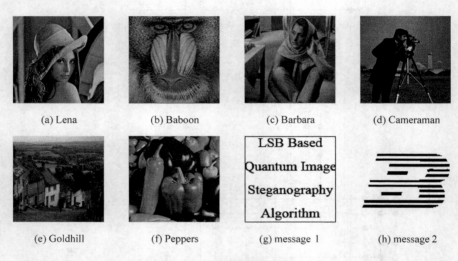

(a) Lena　　　(b) Baboon　　　(c) Barbara　　　(d) Cameraman

(e) Goldhill　　　(f) Peppers　　　(g) message 1　　　(h) message 2

图 8-13　测试用载体图像和消息图像

1. 不可见性

可以从多个角度衡量信息隐藏算法的不可见性，例如计算隐藏前后载体的相似程度、人眼视觉特点、人观察图片时的心理因素等，其中较为常用和简单的是隐藏前后载体的峰值信噪比（Peak Signal-to-Noise Ratio，PSNR）。

对于两个 $m \times n$ 的图像 I 和 J，PSNR 定义如下：

$$\text{PSNR} = 20 \log_{10} \left(\frac{\text{MAX}_I}{\sqrt{\text{MSE}}} \right)$$

其中，MAX_I 是图像 I 的最大像素值；MSE 是均方误差（Mean Squared Error，MSE），定义为

$$\text{MSE} = \frac{1}{mn} \sum_{i=0}^{m-1} \sum_{j=0}^{n-1} \left[(I(i,j) - J(i,j))^2 \right]$$

I 和 J 越接近,MSE 越小,则 PSNR 越大。

具体到 LSB 算法中,如果 I 和 J 分别表示隐藏信息前后的载体,则 $(I(i,j)-J(i,j))^2$ 的取值只有两种可能:要么为 0,要么为 1。此时,MSE 可以看作是在嵌入操作中被改变的像素的数量与像素总数的比率。假定一个像素的比特位被改变和不被改变的概率各为 0.5,则 MSE=0.5,即载体图像中有一半的像素被改变。而对于一个 8 比特位的图像来说,$\mathrm{MAX}_I \approx 255$,则

$$\mathrm{PSNR} = 20\log_{10}\left(\frac{255}{\sqrt{0.5}}\right) = 51.1411$$

即使最极端的情况,载体的每个像素都被改变了,此时 MSE=1,PNSR 仍然可以达到 48.1308。

实际的测试结果与理论分析结果相符,如图 8-14 和表 8-1 所示。

图 8-14 LSB 算法视觉效果(第一行是原始载体,第二行是含有隐藏信息的载体)

表 8-1 PSNR

Message	Lena	Baboon	Barbara	Cameraman	Goldhill	Peppers
Message 1	50.8426	50.3786	50.8852	51.6169	50.9598	50.6278
Message 2	50.3511	49.9285	50.4111	51.1554	50.4888	50.1073

2. 容量

消息比特位的数量与整个图像像素数量的比称为信息隐藏容量。根据前面的介绍可知,一个图像块中嵌入一个消息比特,因此本量子算法的信息隐藏容量 C 的定义如下:

$$C = \frac{\mathrm{The\_number\_of\_message\_bits}}{\mathrm{The\_number\_of\_cover\_image's\_pixels}} = \frac{2^{2n-p_1-p_2}}{2^{2n}} = \frac{1}{2^p}(\mathrm{bit/pixel})$$

图 8-15 给出容量随 p 的变化曲线。

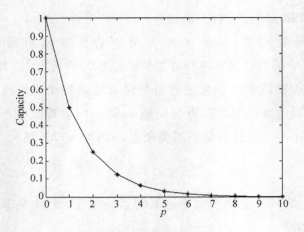

图 8-15　容量随 p 的变化

3. 鲁棒性

误码率(Bit Error Rate, BER)和归一化相关系数(Normalized Correlation, NC)是较为常用的衡量鲁棒性的两个值。假定原始的消息为 M,提取出的消息为 M',用 $N(A)$ 表示 A 中元素的个数,则 BER 定义如下:

$$\text{BER}(M,M') = \frac{\sum_{k=0}^{2^{n-p_1}-1} \sum_{l=0}^{2^{n-p_2}-1} (m_{k,l} - m'_{k,l})^2}{2^{2n-p_1-p_2}} = \frac{N(m_{k,l} \neq m'_{k,l})}{N(M)}$$

NC 定义如下:

$$\text{NC}(M,M') = \frac{\sum_{k=0}^{2^{n-p_1}-1} \sum_{l=0}^{2^{n-p_2}-1} (2m_{k,l}-1) \times (2m'_{k,l}-1)}{2^{2n-p_1-p_2}}$$

$$= \frac{N(m_{k,l} = m'_{k,l}) - N(m_{k,l} \neq m'_{k,l})}{N(M)} = 1 - 2\text{BER}(M,M')$$

其中 $2m_{k,l}-1$ 的作用是将消息比特 0 和 1 分别转换为 -1 和 $+1$。因此当 $m_{k,l} = m'_{k,l}$ 时,$(2m_{k,l}-1) \times (2m'_{k,l}-1)$ 的值为 1;当 $m_{k,l} \neq m'_{k,l}$ 时,$(2m_{k,l}-1) \times (2m'_{k,l}-1)$ 的值为 -1。所以有 NC$=1-2$BER 这个关系。

定义

$$R = \Pr[\text{BER}(M,M') < \alpha], \quad \alpha \in [0,1]$$

为误码率 BER 小于某个给定数值 α 的概率。其中 Pr 表示概率,α 代表某个可接受的误码率,α 由人工根据应用环境确定。当 BER$<\alpha$ 时,表示提取出的消息虽然有错误,但在可接受的范围之内,认为此时系统正常工作。则 R 的含义是该信息

隐藏系统正常工作的概率有多大。

为了计算得到 R,用 $b\in[0,1]$ 来代表攻击强度,指的是图像中一个像素的最低比特位在某种攻击下将被改变的可能性。攻击强度越大,b 也越大。因此,根据前述的提取过程:

- 如果 $m_{k,l}=0$,并且 $a_{k,l}\leqslant 2^{p-1}-1$,则 $m'_{k,l}=m_{k,l}$,否则 $m'_{k,l}\neq m_{k,l}$;
- 如果 $m_{k,l}=1$,并且 $a_{k,l}\geqslant 2^{p-1}$,则 $m'_{k,l}=m_{k,l}$,否则 $m'_{k,l}\neq m_{k,l}$。

由此,信息比特位被正确提取出的可能性如下:

$$\begin{cases} 1-b & \text{量子 LSB 信息隐藏} \\ \sum_{r=0}^{2^{p-1}-1}\binom{2^p}{r}b^r(1-b)^{2^p-r} & \text{量子 LSB 分块信息隐藏且 } m_{k,l}=0 \\ \sum_{r=0}^{2^{p-1}}\binom{2^p}{r}b^r(1-b)^{2^p-r} & \text{量子 LSB 分块信息隐藏且 } m_{k,l}=1 \end{cases}$$

其中,$\binom{2^p}{r}$ 是组合运算。

假定消息中 0 和 1 的概率分布是

$$\begin{bmatrix} 0 & 1 \\ t & 1-t \end{bmatrix}$$

其中 $t\in[0,1]$,则量子 LSB 分块信息隐藏的平均正确提取概率为

$$P=t\sum_{r=0}^{2^{p-1}-1}\binom{2^p}{r}b^r(1-b)^{2^p-r}+(1-t)\sum_{r=0}^{2^{p-1}}\binom{2^p}{r}b^r(1-b)^{2^p-r}$$

$$=\sum_{r=0}^{2^{p-1}}\binom{2^p}{r}b^r(1-b)^{2^p-r}-t\binom{2^p}{2^{p-1}}b^{2^{p-1}}(1-b)^{2^{p-1}}$$

因此

$$R=\Pr[\text{BER}(M,M')<\alpha]=\Pr[N(m_{k,l}\neq m'_{k,l})<\alpha\times 2^{2n-p}]$$

定义 Θ 为 $\lfloor\alpha\times 2^{2n-p}\rfloor$,$\lfloor\cdot\rfloor$ 是下取整操作,此时

$$R=\Pr[N(m_{k,l}\neq m'_{k,l})\leqslant\Theta]=\sum_{r=0}^{\Theta}\binom{2^{2n-p}}{r}(1-P)^r P^{2^{2n-p}-r}$$

图 8-16 给出 R 的变化曲线,其中,$n=4$、$p=3$、$\alpha=0.3$。

从图 8-15 和图 8-16(b)可知,信息隐藏容量和鲁棒性都与 p(块的大小)相关,随着 p 的增加,容量变小,鲁棒性增大。也就是说,通过给定一个合适的 p 值,可以调节容量和鲁棒性使之保持平衡。

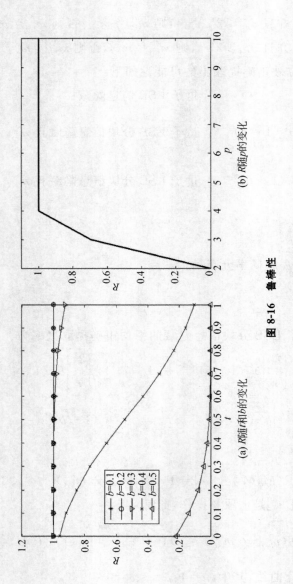

(a) R随t和b的变化   (b) R随p的变化

图 8-16　鲁棒性

8.2　基于 Moiré 条纹的量子信息隐藏

8.2.1　莫尔效应

莫尔(Moiré)源于法文,意思是水波纹。几百年前法国丝绸工人发现,当两层薄丝绸叠在一起时,将产生水波纹状花样。如果让薄绸子相对运动,则花样也跟着移动,这种花纹就是莫尔条纹,如图 8-17 所示。把具有周期结构的点纹或线纹重叠时能产生异于原点纹和线纹的波纹图样的现象称为莫尔效应[83]。

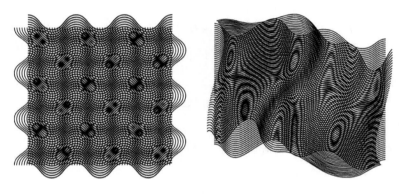

图 8-17　莫尔条纹[84]

在 8.2 节中,给出一个基于莫尔条纹的量子信息隐藏算法。

8.2.2　基于莫尔条纹的量子信息隐藏

基于莫尔条纹的量子图像信息隐藏的嵌入操作包括 3 个步骤:

* 任意选择一个原始图像作为载体,该载体又称为莫尔光栅(Moiré grating)。
* 使用形变操作处理原始载体图像和待隐藏的消息图像,从而获得莫尔模式。
* 使用去噪操作将莫尔模式转变为含有隐藏信息的载体图像。

接下来详细介绍上述形变操作和去噪操作的过程。

1. 形变操作(Deformation)

形变操作是在原始莫尔光栅载体图像 I_1 中嵌入消息图像 f 的过程,该算法公式为

$$I_2(Y,X) = \begin{cases} I_1(Y,X), & \text{如果 } f(Y,X) = 0 \\ I_1((Y-1),X), & \text{如果 } f(Y,X) = 1 \text{ 且 } Y > 0 \\ I_1((2^n-1),X), & \text{如果 } f(Y,X) = 1 \text{ 且 } Y = 0 \end{cases} \qquad (8\text{-}1)$$

上述公式中,我们可以看出,当消息图像 f 在某个位置的值为 0 时($f(Y,X)=0$),在相同位置的原始载体图像的值($I_1(Y,X)$)将保持不变;当消息图像 f 在某个位置的值为 1 并且 Y 值大于 0 时(即该像素不在图像第一行),则与之对应的相同位置的载体图像的值取它正上方的值($I_1((Y-1),X)$);当消息图像 f 在某个位置的值为 1 并且 Y 值等于 0 时(该像素处在图像第一行),则与之对应的相同位置的载体图像的值取图像最后一行的值(即 $I_1((2^n-1),X)$)。

其实,当 $Y>0$ 时,

$$I_1((Y-1),X) = I_1((Y-1)\bmod 2^n,X)$$

当 $Y=0$ 时,

$$I_1((2^n-1),X) = I_1((-1)\bmod 2^n,X) = I_1((Y-1)\bmod 2^n,X)$$

这说明式(8-1)的后两行可以合并为

$$I_2(Y,X) = I_1((Y-1)\bmod 2^n,X), \quad \text{如果 } f(Y,X) = 1$$

因此,形变操作 Deformation(q)可以用 q 个控制交换门(C-SWAP)实现,如图 8-18 所示。其中 q 是图像颜色量子比特数,表示需要将 q 个量子比特的颜色信息都交换过来。控制位 $f(Y,X)=1$ 时,交换载体图像中 $I_1(Y,X)$ 和 $I_1((Y-1)\bmod 2^n,X)$ 的值。

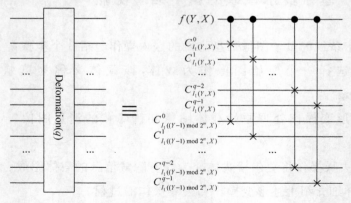

图 8-18 形变操作

2. 去噪操作（Denoising）

当提取隐藏消息时，需要根据 $I_2(Y,X)$ 与 $I_1(Y,X)$ 是否相等得出水印比特位的值：如果 $I_2(Y,X)=I_1(Y,X)$，则 $f_d(Y,X)=0$，否则 $f_d(Y,X)=1$。然而，如果原始载体中，$I_1(Y,X)$ 本身就与 $I_1((Y-1)\bmod 2^n,X)$ 相等，则会导致提取出的水印比特 $f_d(Y,X)=0$，这与嵌入时 $f(Y,X)=1$ 不符，导致提取出的消息图像出现噪声。

去噪操作就是为了解决这个问题。如果当 $f(Y,X)=1$ 时，$I_1(Y,X)=I_1((Y-1)\bmod 2^n,X)$，则将图像 I_2 的最低比特位翻转，公式如下：

$$C_{I_2(Y,X)}^{q-1}=\overline{C_{I_2(Y,X)}^{q-1}}, \qquad 如果 f(Y,X)=1 并且 I_1(Y,X)=I_1((Y-1)\bmod 2^q,X)$$

$$(8-2)$$

具体实现时，去噪操作包含 4 个步骤（如图 8-19 所示）。

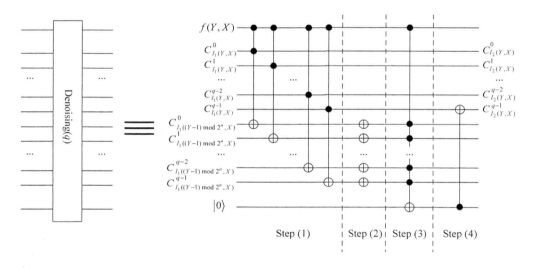

图 8-19　去噪操作

（1）通过 q 个 Toffoli 门，逐比特判断条件 $f(Y,X)=1$ 并且 $I_1(Y,X)=I_1((Y-1)\bmod 2^n,X)$ 是否满足。如果满足，则所有的量子位 $C_{I_1((Y-1)\bmod 2^n,X)}^k$，$k=0$，$1,\cdots,q-1$ 都被置为 0。

（2）通过 q 个非门来翻转 $C_{I_1((Y-1)\bmod 2^n,X)}^k$ 的值。如果式（8-2）中的条件满足，则所有的量子位 $C_{I_1((Y-1)\bmod 2^n,X)}^k$，$k=0,1,\cdots,q-1$ 都被翻转为 1。

（3）增加一个辅助比特位，初态为 $|0\rangle$。如果 $C_{I_1((Y-1)\bmod 2^n,X)}^k$ 都被翻转为 1，则用一个 $(q+1)$-CNOT 门将该辅助比特位变为 $|1\rangle$ 态。

（4）如果辅助比特位为 $|1\rangle$，则用 1 个 CNOT 门翻转颜色值的最低比特位 $C_{I_2(Y,X)}^{q-1}$。

一个完整的嵌入操作（Embedding(q)）由形变操作和去噪操作组成，如图 8-20 所示。

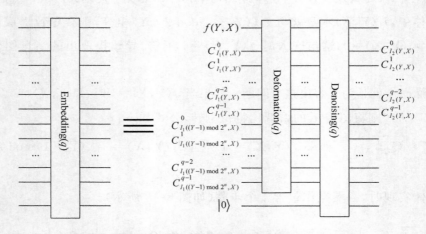

图 8-20 基于莫尔条纹的量子信息隐藏

8.2.3 提取操作

提取操作的目的就是从图像 I_1 和 I_2 中获得解密图像 f_d：如果 $I_2(Y,X)=I_1(Y,X)$，则 $f_d(Y,X)=0$，否则，$f_d(Y,X)=1$。

$$f_d(Y,X) = \begin{cases} 0, & I_2(Y,X) = I_1(Y,X) \\ 1, & I_2(Y,X) \neq I_1(Y,X) \end{cases}$$

提取操作（Extraction(q)）的输入包括 $I_1(Y,X)$，$I_2(Y,X)$ 和一个初态为 $|1\rangle$ 的辅助量子位；输出是由辅助量子位得到的 $f_d(Y,X)$。其过程包括以下 3 个步骤（如图 8-21 所示）：

（1）用 q 个 CNOT 门逐比特比较图像 $I_1(Y,X)$ 和 $I_2(Y,X)$ 的颜色信息，如果 $I_2(Y,X) = I_1(Y,X)$，则所有的目标量子位 $C_{I_2(Y,X)}^0, C_{I_2(Y,X)}^1, \cdots, C_{I_2(Y,X)}^{q-2}, C_{I_2(Y,X)}^{q-1}$ 将被置成 0。

（2）用 q 个 NOT 门来翻转 $C_{I_2(Y,X)}^0, C_{I_2(Y,X)}^1, \cdots, C_{I_2(Y,X)}^{q-2}, C_{I_2(Y,X)}^{q-1}$ 的值。

（3）通过一个 q-CNOT 门来得到 $f_d(Y,X)$。如果 $I_2(Y,X) = I_1(Y,X)$，则控制量子位 $C_{I_2(Y,X)}^0, C_{I_2(Y,X)}^1, \cdots, C_{I_2(Y,X)}^{q-2}, C_{I_2(Y,X)}^{q-1}$ 将全部为 1，此时目标量子位将被翻转为 0，否则，目标量子位将保持不变。

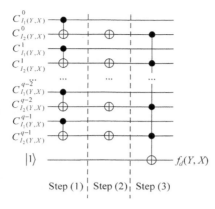

Step (1) | Step (2) | Step (3)

图 8-21　提取操作

8.2.4　实验模拟与分析

1. 视觉效果

图 8-22 通过两个例子给出本量子算法的视觉效果。图 8-22(a)～图 8-22(d) 和图 8-22(e)～图 8-22(h)分别用 Lena 和 Comeraman 作为原始莫尔光栅载体图像，其中图像的色深为 256，消息图像为二进制图像。两个例子的 PSNR 均接近 30db。

(a) 消息图像　　　(b) 原始莫尔光栅　　　(c) 含消息载体　　　(d) 提取出的消息
　　　　　　　　　　　　　　　　　　　　(PSNR=29.2717)

(e) 消息图像　　　(f) 原始莫尔光栅　　　(g) 含消息载体　　　(h) 提取出的消息
　　　　　　　　　　　　　　　　　　　　(PSNR=29.6363)

图 8-22　视觉效果

2. 鲁棒性分析

如果没有任何攻击和噪声的干扰,基于莫尔条纹的信息隐藏能够完整保存消息,提取出的消息与原始消息完全一样。当有攻击或者噪声时,提取出的消息图像与原始消息之间存在一定的差别,用误码率(Bit Error Rate,BER)来衡量这种差别的大小。BER 越小,说明算法鲁棒性越强。

首先分析随机的椒盐噪声。图 8-23 在 256×256 的含有隐藏信息的 Lena 图像中添加椒盐噪声。图 8-23(a)~图 8-23(d)显示添加不同强度椒盐噪声后载体的变化,从中提取出的消息图像分别如图 8-23(e)~图 8-23(h)所示。

凭借肉眼的观察可以看到,当加入强度比较高的椒盐噪声时,载体看上去已经比较模糊(如图 8-23 的(c)和图 8-23 的(d)所示),但是从中所提取出来的消息图像仍然能够很好地辨认出来(如图 8-23(g)和图 8-23(h)所示)。

(a) 噪声密度 0.05   (b) 噪声密度 0.10   (c) 噪声密度 0.15   (d) 噪声密度 0.20

(e) 噪声密度 0.05   (f) 噪声密度 0.10   (g) 噪声密度 0.15   (h) 噪声密度 0.20

图 8-23 抵抗椒盐噪声

计算不同椒盐噪声强度下,提取出的消息图像与原始消息图像之间的 BER,结果显示在图 8-24 中。可以看出,BER 和椒盐噪声密度基本成线性关系,本实验中的斜率约为 0.6。也就是说,只有大概 60% 的椒盐噪声像素点会对提取出的消息图像产生影响。

产生这种现象的原因是有一种情况存在:在某个位置上,原始消息 $f(Y,X)=1$,嵌入时要保证 $I_2(Y,X) \neq I_1(Y,X)$;加入椒盐噪声后,虽然有可能 $I_2(Y,X)$ 和 $I_1(Y,X)$ 都发生了变化,但是 $I_2(Y,X)$ 仍然不等于 $I_1(Y,X)$,此时提取出的消息

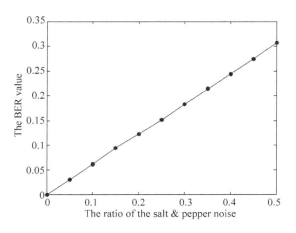

图 8-24 误码率和椒盐噪声强度之间的关系

$f_d(Y,X)=1$,提取正确。所以在本实验中,只有 60％的椒盐噪声转换为最终的误码。

裁剪也是一种较为常见的攻击,本实验中我们裁剪掉载体图像中的一些不相邻的行(0～100 行),并用原始载体图像中相应的行代替。图 8-25(a)～图 8-25(d) 表示裁剪过的载体图像,图 8-25(e)～图 8-25(h)表示相对应的提取结果。

(a) 裁剪 25 行   (b) 裁剪 50 行   (c) 裁剪 75 行   (d) 裁剪 100 行

(e) 裁剪 25 行   (f) 裁剪 50 行   (g) 裁剪 75 行   (h) 裁剪 100 行

图 8-25 抵抗裁剪攻击

图 8-26 给出裁剪攻击中裁剪掉的行数与 BER 的关系。当裁剪掉 100 行时,误码率仅为 0.138,消息图像可以正确辨识。

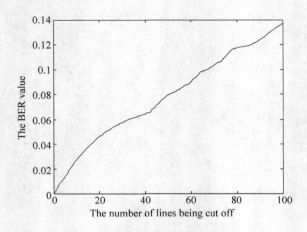

图 8-26　误码率与裁剪行数之间的关系

8.3　本章小结

本章提出了两个量子水印算法。

文献[67]在量子计算机上实现了经典的 LSB 算法,嵌入和提取过程的所有步骤均给出了量子线路,嵌入和提取过程均可在量子计算机上完成,无须经典计算机或者人工的参与,且提取时不需要原始载体或者原始水印,是完全的盲水印算法。

文献[66]给出了一个基于莫尔条纹的水印算法,该算法根据莫尔原理,将水印嵌入载体像素值中,提取时需要原始载体,属非盲水印算法。

参 考 文 献

[1] Feynman, R. P. Simulating physics with computers. International Journal of Theoretical Physics, 1982, 21(6/7): 467~488.

[2] Shor P. W. Algorithms for quantum computation: discrete logarithms and factoring. Proceeding of the 35th Symposium on the Foundations of Computer Science, 1994, 124~134.

[3] Grover L K. A fast quantum mechanical algorithm for database search. Proceeding of the 28th Annual ACM Symposium on Theory of Computing. New York: ACM Press, 1996.

[4] http://www.nas.nasa.gov/quantum/.

[5] Schulda, M., Sinayskiy, I., Petruccione, F. An introduction to quantum machine learning. Contemp. Phys. 2014. doi: 10.1080/00107514.2014.964942.

[6] Lanzagorta, M., Uhlmann, J. Quantum algorithmic methods for computational geometry. Math. Struct. Comput. Sci. 2010, 20(6): 1117~1125.

[7] 高隽,谢昭. 图像理解理论与方法. 北京: 科学出版社, 2009.

[8] Hinton G., Salakhutdinov R. Reducing the dimensionality of data with neural networks. Science, 2006, 313(504). DOI: 10.1126/science.1127647.

[9] 余凯,贾磊,陈雨强,等. 深度学习的昨天今天和明天. 计算机研究与发展, 2013, 50(9): 1799~1804.

[10] 张长水. 机器学习面临的挑战. 中国科学: 信息科学, 2013, 43(12): 1612~1623.

[11] Vlasov, A. Y. Quantum computations and image recognition. arXiv: quant-ph/9703010, 1997.

[12] Beach, G., Lomont, C., Cohen, C. Quantum image processing. In: Proceedings of the 2003 IEEE Workshop on Applied Imagery Pattern Recognition, 2003, 39~44.

[13] Venegas-Andraca, S. E., Bose, S. Quantum computation and image processing: new trends in artificial intelligence. In: Proceedings of the International Conference on Artificial Intelligence IJCAI-03, 2003, 1563~1564.

[14] Venegas-Andraca, S. E., Bose, S. Storing, processing and retrieving an image using quantum mechanics. In: Proceedings of the SPIE Conference Quantum Information and Computation, 2003, 137~147.

[15] Josè I. Latorre. Image compression and entanglement. 2005, arXiv: quant-ph/0510031.

[16] Venegas-Andraca S. E., Ball J. L. Processing images in entangled quantum system. Quantum Information Processing, 2010, 9(1): 1~11.

[17] Le P. Q., Dong F., Hirota K. A flexible representation of quantum images for polynomial preparation, image compression, and processing operations. Quantum Information Processing, 2011, 10(1): 63~84.

[18] Zhang Yi, Lu Kai, Gao Yinghui, Wang Mo. NEQR: a novel enhanced quantum representation of digital images. Quantum Information Processing, 2013, 12(12): 2833~2860.

[19] D-WAVE 系统公司. http://www.dwavesys.com/. 2015.

[20] 李承祖,陈平形,梁林梅,等. 量子计算机研究(上)——原理和物理实现. 北京: 科学出版

社，2011.

[21] 周日贵. 量子信息处理技术及算法设计. 北京：科学出版社，2013.

[22] Wootters W. K. , Zurek W. H. A single quantum cannot be cloned. Nature, 1982, 299: 802.

[23] 何广平. 通俗量子信息学. 北京：科学出版社，2012.

[24] Gordon E. Moore. Cramming more components onto integrated circuits. Electronics. 1965-04-19, Retrieved 2011-08-22.

[25] 摩尔定律-维基百科. http://zh. wikipedia. org/wiki/%E6%91%A9%E5%B0%94%E5%AE%9A%E5%BE%8B. 2015.

[26] Deutsch D. Quantum computational networks. Procedings of Royal Society A, 1989, 425: 73~90.

[27] Nielsen M. A. , Chuang I. L. 著,量子计算和量子信息(一)——量子计算部分. 赵千川译. 北京：清华大学出版社，2009.

[28] Jiang Nan, Zhao Na, Wang Luo. LSB based quantum image steganography algorithm. International Journal of Theoretical Physics, 2016,55(1):107~123.

[29] Sun B. , Iliyasu A. M. , Yan F. , Dong F. Y. , Hirota K. An RGB multi-channel representation for images on quantum computers. Journal of Advanced Computational Intelligence and Intelligent Informatics, 2013, 17(3): 404~417.

[30] Li H. S. , Zhu Q. X. , Zhou R. G. , Lan S. , Yang X. J. Multi-dimensional color image storage and retrieval for a normal arbitrary quantum superposition state. Quantum Information Processing, 2014, 13(4): 991~1011.

[31] Yuan S, Mao X, Xue Y, et al. SQR: a simple quantum representation of infrared images. Quantum Information Processing, 2014, 13(6): 1353~1379.

[32] Jiang N, Wang L. Quantum image scaling using nearest neighbor interpolation. Quantum Information Processing, 2015, 14(5): 1559~1571.

[33] Zhou R G, Wu Q, Zhang M Q, et al. A quantum image encryption algorithm based on quantum image geometric transformations. Pattern Recognition, 2012, 321: 480~487.

[34] Li, H. S. , Zhu, Q. , Lan, S. , et al. Image storage, retrieval, compression and segmentation in a quantum system. Quantum Information Processing. 2013, 12(6): 2269~2290.

[35] Zhang Y, Lu K, Gao Y H, et al. A novel quantum representation for log-polar images. Quantum Information Processing, 2013, 12(9): 3103~3126.

[36] Wang M, Lu K, Zhang Y, et al. FLPI: representation of quantum images for log-polar coordinate. Fifth International Conference on Digital Image Processing. Beijing: International Society for Optics and Photonics, 2013, 8870: 88780H.

[37] Le, P. Q. , Iliyasuy A. M. , Dong, F. , Hirotax K. Fast geometric transformations on quantum images. IAENG International Journal of Applied Mathematics, 2010, 40(3): 113~123.

[38] Jiang Nan, Wang Luo. Quantum image scaling using nearest neighbor interpolation. Quantum Information Processing, 2015, 14(5): 1559~1571.

[39] Wang Jian, Jiang Nan, Wang Luo. Quantum image translation. Quantum Information Processing, 2015, 14(5): 1589~1604.

[40] Jiang Nan, Wu Wenya, Wang Luo, Zhao Na. Quantum image pseudo color coding based on the density-stratified method. Quantum Information Processing, 2015, 14(5): 1735~1755.

[41] Simona Caraiman, Vasile I. Manta. Image segmentation on a quantum computer. Quantum

Information Processing，2015，14(5)：1693~1715.

[42] Caraiman，S.，Manta，V. Histogram-based segmentation of quantum images. Theor. Comput. Sci. 2014，529：46~60.

[43] Zhang Y.，Lu K.，Xu K.，Gao Y. H.，Wilson R. Local feature point extraction for quantum images. Quantum Information Processing，2015，14(5)：1573~1588.

[44] Zhang Weiwei，Gao Fei，Liu Bing，and etc. A watermark strategy for quantum images based on quantum Fourier transform. Quantum Information Processing，2013，12(4)：793~803.

[45] Zhang Weiwei，Gao Fei，Liu Bing，and etc. A quantum watermark protocol. International Journal of Theory Physics，2013，52：504~513.

[46] Jiang Nan，Wu Wenya，Wang Luo. The quantum realization of Arnold and Fibonacci image scrambling. Quantum Information Processing，2014，13(5)：1223~1236.

[47] Jiang Nan，Wang Luo. Analysis and improvement of the quantum Arnold image scrambling. Quantum Information Processing，2014，13(7)：1545~1551.

[48] Jiang Nan，Wang Luo，Wu Wenya. Quantum Hilbert image scrambling. International Journal of Theoretical Physics，2014，53(7)：2463~2484.

[49] Zhou Nanrun，Hua Tianxiang，Gong Lihua，Pei Dongju，Liao Qinghong. Quantum image encryption based on generalized Arnold transform and double random-phase encoding. Quantum Information Processing，2015，14(4)：1193~1213.

[50] Hua Tianxiang，Chen Jiamin，Pei Dongju and etc. Quantum image encryption algorithm based on image correlation decomposition. International Journal of Theoretical Physics，2014，accepted (has been published online).

[51] Wang Shen，Song Xianghua，Niu Xiamu. A novel encryption algorithm for quantum images based on quantum wavelet transform and diffusion. Intelligent Data analysis and its Applications，Volume Ⅱ，2014，298：243~250.

[52] Song X. H.，Wang S.，Ahmed A. Abd El-Latif，Niu X. M. Quantum image encryption based on restricted geometric and color transformations. Quantum Information Processing，2014，13(8)：1765~1787.

[53] Zhou Rigui，Wu Qian，Zhang Manqun and etc. A Quantum image encryption algorithm based on quantum image geometric transformations. Pattern Recognition，2012，321：480~487.

[54] Zhou Rigui，Wu Qian，Zhang Manqun and etc. Quantum image encryption and decryption algorithms based on quantum image geometric transformations. International Journal of Theoretical Physics，2013，52：1802~1817.

[55] Akhshani，A.，Akhavan，A.，Lim，S. C.，Hassan，Z. An image encryption scheme based on quantum logistic map. Commun. Nonlinear Sci. Numer. Simulat，2012，17(12)：4653~4661.

[56] Yang，Y. G.，Xia，J.，Jia，X.，Zhang，H. Novel image encryption/decryption based on quantum Fourier transform and double phase encoding. Quantum Information Processing，2013，12(11)：3477~3493.

[57] Gea-Banacloche J. Hiding messages in quantum data. Journal of Mathematical Physics，2002，43(9)：4531~4536.

[58] Martin K. Secure communication without encryption?. IEEE Security and Privacy，2007，5(2)：68~71.

[59] Mogos G. A quantum way to data hiding. International Journal of Multimedia and Ubiquitous

Engineering, 2009, 4(2): 13～20.

[60] Shaw B. A., Brun T. A. Quantum steganography with noisy quantum channels. Physical Review A, 2011, 83(022310).

[61] Iliyasu A. M., Le P. Q., Dong F., Hirota K. Watermarking and authentication of quantum images based on restricted geometric transformations. Information Sciences, 2012, 186: 126～149.

[62] Yan Fei, Iliyasu A. M., Sun Bo, Venegas-Andraca S. E., Dong Fangyan, Hirota Kaoru. A duple watermarking strategy for multi-channel quantum images. Quantum Information Processing, 2015,14(5): 1675～1692.

[63] Yang Y. G., Jia X., Xu P., Tian J. Analysis and improvement of the watermark strategy for quantum images based on quantum Fourier transform. Quantum Information Processing, 2013, 12(8): 2765～2769.

[64] Song X. H., Wang S., Liu S., Ahmed A. Abd El-Latif, Niu X. M. A dynamic watermarking scheme for quantum images using quantum wavelet transform. Quantum Information Processing, 2013, 12(12): 3689～3706.

[65] Song X. H., Wang S., Liu S., Ahmed A. Abd El-Latif, Niu X. M. Dynamic watermarking scheme for quantum images based on Hadamard transform. Multimedia Systems, 2014, published online.

[66] Jiang Nan, Wang Luo. Anovel strategy for quantum image steganography based on Moiré pattern. International Journal of Theoretical Physics, 2015, 54(3): 1021～1032.

[67] Jiang Nan, Zhao Na, Wang Luo. LSB based quantum image steganography algorithm. International Journal of Theoretical Physics, 2015, published online.

[68] Arnold, V. I., Avez, A. Ergodic problems of classical mechanics. Benjamin, New York, 1968.

[69] Dyson, F. J., Falk, H. Period of a discrete cat mapping. Am. Math. Mon. 1992, 99(7): 603～614.

[70] Vlatko, V., Adriano, B., Artur, E. Quantum networks for elementary arithmetic operations. Phys. Rev. A 1996, 54(1): 147～153.

[71] Peano G. Sur une courbe, qui remplit toute une aire plane. Math. Ann. 1890, 36(1): 157～160.

[72] Hilbert D. Ueber die stetige Abbildung einer Linie auf ein Flächenstück. Math. Ann. 1891, 38(3): 459～460.

[73] Kamata S., Eason R. O., Bandou Y. A new algorithm for N-dimensional Hilbert scanning. IEEE Trans. Image Process. 1999, 8(7): 964～973.

[74] Wang S., Xu X.-S. A new algorithm of Hilbert scanning matrix and its MATLAB program. J. Image Graph. 2006, 11(1): 119～122.

[75] Gonzalez, R., Woods, R.: Digital image processing (3rd edition). Prentice Hall, New Jersey, 2007.

[76] http://www.mathworks.cn/cn/help/images/ref/imresize.html. 2014.

[77] Wang D., Liu Z., Zhu W., Li S. Design of quantum comparator based on extended general Toffoli gates with multiple targets. Comput. Sci. 2012, 39(9): 302～306.

[78] http://en.wikipedia.org/wiki/False_color. 2015.

[79] http://www.optics.rochester.edu/workgroups/cml/opt307/spr04/ashu/index.html. 2015.

[80] Castleman，K. R. Digital image processing. Prentice Hall，New Jersey，1996.

[81] A. Z. Tirkel，G. A. Rankin，R. M. VanSchyndel，and *etc*. Electronic watermark. Proceedings of Digital Image Computing：Techniques and Applications，1993，Macquarie University，Sydney：666～672.

[82] Ma Lei，Lu Jian. Construction of controlled quantum counter. Chinese Journal of Quantum Electronics，2003，20(1)：47～50.

[83] 张洁.关联成像与莫尔效应.湖南师范大学硕士学位论文，2007.

[84] http://cache. baiducontent. com/c? m ＝ 9d78d513d9d706ef06e2ce384b54c0676a499d33628a-85027fa3904c92735b36163bbca66c684045c4c50b6d0ba44241baae6b272a4266e4dd93d957deb89-8292f832533721c844211d618acc94721c0279058e3b2&p ＝ 973de716d9c11ff308e296245a&ne-wp＝9c769a47879d18dd08e296365653d8304a02c70e3a868e4c0d&user＝baidu. 2015.